国家自然科学基金项目(51004002)资助

高等学校博士点新教师基金(20103415120001)

煤矿安全高效开采省部共建教育部重点实验室资助

水泥砂浆固化土工程特性试验与分析

查文华　范晓秋　著

合肥工业大学出版社

内容简介

本书是在作者已取得的水泥砂浆固化土工程特性理论与试验研究成果的基础上撰写而成的。全书共分六章，包括绪论、土层性质变化对水泥搅拌桩成桩质量影响的试验研究、水泥砂浆固化土试验方法与物理特性测试、水泥砂浆固化土变形特性的试验研究、水泥砂浆固化土强度特性的试验研究、基于生长函数的固化土本构模型研究。

本书可供土木、水利、交通等部门从事科研、设计工作的科研人员参考，也可作为高等学校土建等相关专业的研究生参考使用。

图书在版编目(CIP)数据

水泥砂浆固化土工程特性试验与分析/查文华，范晓秋著．—合肥：合肥工业大学出版社，2010．12

ISBN 978-7-5650-0317-2

Ⅰ．①水…　Ⅱ．①查…②范…　Ⅲ．①水泥砂浆—地基处理—研究　Ⅳ．①TU472．3

中国版本图书馆 CIP 数据核字(2010)第 226996 号

水泥砂浆固化土工程特性试验与分析

查文华　范晓秋　著　　　责任编辑　权　怡

出　版	合肥工业大学出版社	版　次	2010 年 12 月第 1 版
地　址	合肥市屯溪路 193 号	印　次	2010 年 12 月第 1 次印刷
邮　编	230009	开　本	710 毫米×1010 毫米　1/16
电　话	总编室：0551-2903038	印　张	10．75
	发行部：0551-2903198	字　数	165 千字
网　址	www.hfutpress.com.cn	印　刷	合肥星光印务有限责任公司
E-mail	press@hfutpress.com.cn	发　行	全国新华书店

ISBN 978-7-5650-0317-2　　　定价：25．00 元

如果有影响阅读的印装质量问题，请与出版社发行部联系调换。

前言

随着我国经济快速发展，基础设施建设规模不断扩大，特别是我国东部沿海地区，修建大量的高速公路、高层超高层建筑物、城市地下轨道交通、港口码头等。这些地区的地基分布多为淤泥、淤泥质土或淤泥土中含薄砂层，属典型的软土地基，这类地基具有含水率高、压缩性大、渗透性差、灵敏度高、强度低、厚度不均匀等特点。含水率高、强度低、处理困难的地基，易造成工程投资大幅增长；压缩性大、渗透性差、稳定时间长的地基，易产生过大的工后沉降和差异沉降。如何更经济、有效的选择软土地基处理的方法，保证建筑物的安全使用，已是工程界长期关注的重点问题之一。

虽然软土地基处理方法较多，如堆载预压法、真空-堆载联合预压法、水泥搅拌桩法、CFG桩法、加筋处理法等，然而工艺简单、造价低廉的水泥搅拌桩复合地基处理方法，仍是运用最广泛并获得巨大成效的处理方法。由于软土地基成因与物质组成多种多样，即使采用相同的处理方法，不同地区甚至同一地区处理的效果也会有所差异，在这方面的失败案例屡见不鲜。因此，原创性的研究影响水泥搅拌桩复合地基工程特性的因素并分析其影响机理，对水泥土掺和料进行优化设计，不仅具有理论价值，而且具有重要的实际应用价值。

本书是在作者已取得的水泥砂浆固化土工程特性理论与试验研究成果的基础上撰写而成的。全书从室内模型试验入手，分析了土层性质变化对水泥搅拌桩成桩质量的影响，并在此基础上提出水泥砂浆固化土的设想，分析水泥砂浆固化土的物理特性、强度特性以及变形特性；在水泥固化土应力应变特性的基础上，建立一种实用的简单本构模型。全书共分六章，包括绪论、土层性质变化对水泥搅拌桩成桩质量影响的试验研究、水泥砂浆固化土试验方法与物理特性测试、水泥砂浆固化土变形特性的试验研究、水泥砂浆固化土强度特性的试验研究、基于生长函数的固化土本构模型研究。

本书的出版得到了国家自然科学基金项目(51004002)、高等学校博士点新教师基金(20103415120001)、煤矿安全高效开采省部共建教育部重点实验室资助。在编写过程中，参考了国内外有关研究成果，均在附后的参考文献中列出，在此对所涉及文献的作者表示衷心的感谢!

由于作者水平有限，书中不足之处在所难免，恳请读者批评指正。

著 者

2010 年 8 月

目 录

第1章　绪　论

1.1　问题的提出

随着我国社会经济的迅速发展，机场、码头、高等级公路和高速铁路等工程项目不断兴建，使得软土地基处理成为工程界和学术界关注的热点问题之一。

软土是包括淤泥、淤泥质黏土、淤泥质粉土、泥炭、泥炭质土等类土的简称，主要是静水或缓慢水流中逐渐停积的饱和软弱黏性土，其基本物理力学特征是天然含水量高、天然孔隙比大、渗透系数小、压缩性高、强度低，可呈灵敏性结构[1]。我国软土分布十分广泛，滨海平原、河口三角洲、湖盆地周围、山间谷地均有分布[2,3]。水泥搅拌桩复合地基因其工艺简单、施工方便、造价相对较低，在软土地基处理中得到广泛应用并取得了巨大成效。但是软土性质地区差异较大，即使采用相同处理方法，处理效果也会有所差异。因此，原创性的研究影响水泥搅拌桩复合地基工程特性的因素并分析其影响机理，对水泥土掺和料进行优化设计，不仅具有理论价值，而且具有重要的实际运用价值。此外，水泥土的材料特殊性既不同于一般土体，也与岩石存在一定差异，因此建立一种适合水泥土的简单本构模型，也是我们面临的一个重要问题。

影响水泥搅拌桩复合地基质量的因素较多，工程地质条件的复杂性是影响水泥搅拌桩复合地基性能的一个重要的因素。1985 年冬，在我国西南地区采用深层搅拌加固沼泽相泥炭土的工程中发现[4]，单一采用水泥加固，即使掺入比达 30%，加固土强度也难以达到 300kPa，以致使水泥加固泥炭土丧失经济技术效益。廖建春[5]通过多个工程的水泥搅拌桩抽芯发现，含砂较多的软土加固后芯样较一般软土更为完整，强度更高，因此得出含砂量是影响水泥土强度的主要因素之一的结论。张震山[6]在某拟建小区地基处理工程中进一步证实了砂、砾料对水泥土搅拌桩的有利影响。因此，对于进一步开展土层性质变化对水泥土力学特性的研究，可为优化水泥搅拌桩设计提供新的途径。

在水泥固化土的力学效应研究上，虽然对于水泥土的加固机理已有一定认识，但对于适合水泥土本构模型的研究相对较少。

由于水泥土内部或多或少存在孔隙，其应力应变曲线具有明显的压密硬化阶段，与岩石或混凝土不同的是，水泥土在荷载作用下又会产生较大的塑性变形，因此很难用土体本构模型来描述水泥土的力学特性[7]。陈四利等[8,9]学者发现，水泥土的应力应变曲线具有显著的水泥土微裂隙压密硬化阶段，该阶段的存在增加了土体本构模型运用于水泥土的难度。虽然许多学者运用经典连续介质力学对其力学特性进行分析，并取得了一定的研究成果[10~15]。事实上，水泥固化土结构效应十分明显，具有较高的先期固结压力，对应力路线反应也较为敏感[16]。沈珠江院士曾用逐渐破损理论代替应变软化模型来描述原状土中普遍存在的结构破损现象[17]。最近有学者在大量试验的基础上，对水泥加固土的损伤模型进行了研究，并建立了不同损伤本构模型[18~19]。但这些损伤模型较为复杂，参数也不易确定，从而增加了推广运用的难度。因此，对已有模型进行改进，或建立新的适合水泥固化土的简单本构模型，显得十分重要。

纵观最近十几年的理论研究和工程实践，水泥搅拌桩复合地基的作用机理逐渐明确，然而影响水泥土性质的因素较多，所以查明影响水泥搅拌桩复合地基工程特性各因素，研究影响机理，制定相应对策，进而完善软土地基处理技术，具有重要意义。因此，本文拟采用室内试验研究方法，就土层性质变化对水泥土力学行为的影响进行深入研究。在此基础上，提出采用水泥砂浆固化材料，通过一系列的原创性试验，研究水泥砂浆固化土的材料特性，寻求具有实际工程意义的掺料配合比。另一方面，基于水泥固化土的初始压密硬化的考虑，建立了一种形式简单、参数较少、计算简便，且具有一定物理意义的本构模型。

1.2 水泥桩复合地基研究现状分析

1.2.1 室内模型试验研究现状

复合地基常用的研究手段主要包括原型观测、静载试验、数值分析以及模型试验等四种方法[20]，从已有的文献资料来看，目前关于原型观测、静载试验和数值分析的研究较多，而模型试验的研究则相对较少，然而模型试验是科研工作者开展复合地基加固机理、加固效果以及优化、开发新加固技术研究的重要内容与可靠手段。不少学者采用室内相似模型试验，研究了荷载作用方式、地基土层性质、桩身表面粗糙度、注浆工艺等因素对复合地基荷载传递特性和承载变形特性的影响。

许朝阳、周健等[21]分析了软黏土中采用静压桩贯入引起的土体位移场变化规律，测试了不同施工顺序引起的地基土体侧移与隆起规律，得出邻桩对挤土效应的“屏障”作用。桩在侧向荷载作用下的变形特性长期以来一直受工程界重视，Saglamer 和 Parry[22]采用铝合金管制作的模型桩在砂土中进行了不同密度和荷载形式的荷载试验，从而研究初期以及循环加载期间砂土地基侧向基床系数的变化。Allen 和 Reese[23]为研究成层土层中 p-y 曲线形状，采用内外铝合金管制成的模型桩在成层黏土中进行了相似模型试验。赵明华、侯运秋、曹善仁等[24]采用铝管在砂箱内进行不同倾角的倾斜荷载作用下的室内模型桩试验，据此建立了倾斜荷载下确定极限承载力的经验公式。徐和、陈竹昌等[25]在室内钢圆筒中，通过设置不同密实度的模型砂土地基，研究了单桩的轴向抗拔力以及内摩擦角与桩的侧向抗拔系数之间的关系。章连祥等[26]在室内模型试验中进行静力荷载试验、循环荷载试验和循环荷载后再加载试验，探讨了侧向荷载大小、频率、循环次数和侧向荷载历史等因素的影响，得出了黏性土中沿桩身不同深度的载荷位移曲线。

周国庆、杨维好等[27]在模型箱内研究了饱和中砂融沉降位移随时间变化的关系以及单桩负摩阻力与融沉位移的关系。谭国焕、张佑启、杨敏[28]等通过把桩周表面不同粗糙度的3根模型桩置于砂箱中，研究了松砂土层中桩侧表面粗糙程度对桩承载力的影响。庄心善、杨雪强、何世秀等[29]进行了压浆桩与非压浆桩的模型试验，研究分析了黏土地基中钻孔灌注桩桩侧压浆、桩端压浆及桩侧桩端联合压浆对提高桩基承载力及改善承载性能的影响。试验结果表明，灌注桩后压浆能改善桩的承载性能，减小沉降，提高桩的承载力。刘云云、陈竹昌、刘利民等[30]进行了竖向力作用下7组嵌岩桩高桩承台模型试验。模型试验表明，桩顶轴力分布和桩顶弯矩分布不仅取决于作用在承台上荷载的大小，而且在很大程度上还取决于承台顶面外荷载的局部分布。

钱建固、高玉杰等[31~32]以相似理论为基础，设计并完成了一组较大型的室内碎石桩复合地基模型试验，获得了许多有益的试验数据。周成[33]等以直径25mm的塑料管充填粉煤灰制成桩体，采用扦插成孔的方法制成桩径25mm、桩长40cm的模型碎石桩，据此研究了碎石桩加固软黏土效果，并提出考虑桩、土、承台共同作用的极限承载设计方法。孟广训、沈定贤等[34]在室内进行碎石桩模型试验，将碎石桩置入粉质黏土中形成模型地基，通过在桩身不同深度的截面和侧面埋设压力传感器，测试不同深度的轴向应力和径向应力。研究发现，表面荷载沿桩的深度迅速衰减，当深度等于3倍桩径时，桩体垂直应力平均值只有表面荷载的27.4%；在桩顶下2～3倍桩径范围内，轴向应力、径向应力均较大，属高应力区，该结论由Hughes和Withers通过试验得到了验证。2倍桩径深度范围内，侧向位移较大，超过2～3倍桩径时，径向位移可忽略不计，这主要是由于桩间土抵抗侧向位移的阻力随深度正比增加引起。叶观宝等[35,36]通过室内模型试验和现场足尺试验对水泥土搅拌桩复合地基的荷载传递规律进行了分析，结果表明，传到桩端的荷载占桩顶荷载的比重比较小，桩体的变形、轴力和侧摩阻力主要集中在有效桩长范围内，复合地基承载力的发挥程度与地基土土质、桩土相对刚度、桩间土的上覆荷载及桩身质量有关，桩土应力比随荷载变化而变化。

对于加筋地基模型试验，Binquet、Fragaszy及Das等[37~39]针对土工合成材料加筋基础进行分析，重点研究了加筋地基极限承载力与基础沉降的关系。张道宽、王钊[40,41]等针对加筋挡土墙和边坡进行了室内模型试验研究，集中分析加筋结构的破坏机制、破坏面的位置及筋材的最大受力点等。胡幼常[42]通过室内模型试验，对土工格栅加固道路软土地基的效果及机理进行了研究，除测出四种不同试验条件下基底压力与地基沉降的关系曲线外，还用读数显微镜精确观测了软土地基的位移场，并对试验结果作了初步分析，揭示了土工格栅能有效加固道路软基的某些机理。杨庆等[43]依据建立土工格栅加筋砂土地基性能模型，通过模型试验测量得到，如果在砂土地基中铺设塑料土工格栅，可以使承载力提高10%～40%、侧向位移量减少20%～50%，地基轴线处竖向沉降减少30%～50%。通过比较分析认为，对于条形浅基础加筋地基，最佳加筋层数为2～3层，加筋长度应为基础宽度的3倍。蒋鹏飞等[44]根据相似理论，以某高速公路土工格室+碎石桩复合地基为原型，设计完成了一组大型对比室内模型，并在大量试验数据的基础上，对其承载机理进行深入探讨，得到了有益的结论，对土工格室+碎石桩复合地基的作用机理的认识具有一定的参考意义。

此外，吴慧明、龚晓南[45]通过刚性基础与柔性基础下复合地基模型试验的对比研究，指出刚性基础和柔性基础下复合地基桩土应力比及其发展规律和复合地基破坏机理各不相同。刚性基础下桩土变形一致，在相同变形时，桩首先承受较大荷载，并首先进入极限状态，故随总荷载增加桩土应力比呈现山峰状发展趋势；柔性基础下桩土变形可相对自由发展，土首先承担较大荷载，并随荷载增加率先进入极限状态，故桩土应力比呈现先递减后上升的趋势，但无论刚性基础下的土还是柔性基础下的土，承载力均高于原状土。西南交通大学的苏谦、蔡英、曹新文、罗强和薛双纲等[46,47]进行了土工格栅、格室加筋砂垫层加固基床的大模型试验，并进行了承载力、抗变形能力和动应力分析。在土工格室和土工网加固基床效果静态模型试验中通过对比发现，土工格室在提高基床刚度和强度方面具有明显效果。在静载试验的基础上，进行定荷载、定频率多次重复加载试验，然后进行变荷载、变频率的动荷载试验，通过这两部分试验，了解动荷载对塑性变形的影响，以及基床动应力分布和铺设土工格后的动应力衰减情况。杨俊杰、章雪峰、彭孔曙等[48]以相似理论为基础，采用原型粉黏土和微混凝土挤扩支盘桩制作相似模型，通过对桩土共同作用模型中支盘桩的承载能力、变形特征、土层的压力变化和桩土阻力及沉降关系的观测，分析支盘桩支盘的作用特性以及与全桩承载力的关系，为支盘桩的工程应用提供了有价值的参数和试验依据。

总结上述各类与软土地基处理相关的室内模型试验研究可以看出，借助模型试验可以研究各种软土地基加固技术的加固机理、加固体强度变形特性，探讨影响加固效果的各种不利因素和相应的影响程度，检验现有复合地基沉降和承载力计算公式，优化各种复合地基的施工工艺等。但是，以上各类模型地基研究中的桩体，几乎都不在模型地基内部完成，成桩过程与现场情况不同，它们都是某种桩体的替代品或者是预制品。产生这种情况的原因，一部分是由于研究的目的不需要考虑实际工程中的相关规律，因此可以对部分试验条件进行简化；另一部分原因是简化使得模型试验结构简单、流程短小、试验过程可控性增强、试验费用降低，但是模型参数的选择以及各个参数之间的关系，常常被试验室条件所左右。因此在进行模型试验研究时，必须根据研究的目的，采用相匹配的试验方法，否则试验成果将难以用于指导工程实践。对于本文关于土层性质变化对水泥搅拌桩成桩质量的研究，试验的重点是在模型中模拟现场条件下水泥搅拌桩的实际成桩过程。

1.2.2 水泥土力学性质研究现状

水泥土力学性质的研究主要包括强度特性与变形特性两个方面的研究。

Shenbaga R. Kharaj、Vasant G 等[49]建立了固化土强度与龄期、粉煤灰掺量和水泥掺量之间的函数关系。汤怡新等[50]认为水泥固化土的抗压强度主要取决于水泥用量，其次是原料土的含水量，提出了一个简便的经验关系。陈甦等[51]分析了水泥固化黑土的强度随水泥掺入比和龄期的变化规律。D. T. Eriktius 等[52]采用水泥对淤泥质土进行固化，发现随着水泥掺入比的增加，固化土的液塑限降低，无侧限抗压强度和剪切强度显著提高。Horpibulsuk S[53]对不同龄期时水泥土无侧限抗压强度和似水灰比的关系进行了研究，指出在特定龄期下，水泥土无侧限抗压强度与似水灰比呈负指数相关，即似水灰比升高，无侧限抗压强度呈指数下降。储诚富等[54]分析了含水量、水泥掺量和龄期对水泥土强度的影响，提出了强度预测公式。S. Kolias 等[55]采用粉煤灰和水泥对细粒黏土进行固化，随着固化材料的增加，固化土的塑性降低，抗压强度提高，模量增加。G. M. Filz 等[56]为了考虑原土中的含水量对固化土强度的影响，引入总水灰比的概念预测固化土的强度。Fook-Hou Lee 等[57]提出，同时引入水灰比和土灰比来反映固化土的强度和模量的变化。朱龙芬[58]通过大量无侧限抗压强度试验发现，对于某一特定土性的软土而言，在水泥掺入比确定时，软土含水量存在阈值，但大于阈值时，加固效果不明显。蒋敏敏等[59,60]通过室内相似模型试验研究发现，黏土层中湿喷桩强度高于粉土层中湿喷桩的强度，主要原因是黏土层中水泥浆液与土体颗粒和水体发生了更强的离子交换和团粒化作用及硬凝反应；土的含水率对湿喷桩强度有显著影响，存在一个最优含水率，在该含水率下，湿喷桩强度显著提高。

彭皖生[61]通过室内试验得出，水泥土的黏聚力是原状土的24.0～31.2倍，内摩擦角是原状土的7.9～63.0倍，水泥土抗剪强度的提高在前期最为显著，其28d抗剪强度为90d的80％以上。张家柱等[62]经过试验研究，得出水泥土的抗剪强度随着水泥掺入量和龄期的增长而提高，而内摩擦角变化不大(20°～28°)。

刘一林[63]用三轴仪对水泥土-土复合试样进行了固结不排水剪试验，证明在置换率和水泥掺入比较低时，随着围压的增大强度明显提高，且破坏时应变增大；而当置换率或水泥掺入比较大时，破坏应变受围压影响较小。龚晓南[64]总结发现，由于固结压力的作用，试样在高压三轴剪切试验中得到的破坏特征由原来无侧限条件下的脆性破坏变为塑性破坏，固结压力越大，这种趋势越明显，此外，围压对强度的影响则随着水泥掺入比的增加不断变小。

周承刚、兰凯等发现[65,66]，土层性质对水泥土强度影响较大，过高的有机质含量，使得土壤具有较大的水溶性、塑性，较大的膨胀性、低渗透性以及酸性，阻碍了水泥的水化反应，使得水泥土强度较低。Pousette K. 等[67]通过室内试验，得到泥炭土水泥加固强度随养护龄期增大而增大，并探讨了试块尺寸效应对水泥土加固强度的影响，发现了养护过程中通过加载预压试块会提高水泥土强度的有益结论。Ahnberg H. 、Holm G. [68]通过大量的室内试验，研究了不同加固料对有机质土加固强度的影响。Masaaki Gotoh[69]研究了含水量、pH值、烧失量、黏粒含量对水泥土强度的影响，得到了一些重要结论。刘增永[70]通过室内试验表明，固化土的强度随着有机质含量的增加呈指数衰减，随着水泥掺量的增加呈S形增加，GR03添加剂能明显提高固化土的强度。范昭平等[71]分析得出，有机质含量对水泥固化土强度的影响存在一极限含量，超过该极限，有机质的增加不会对固化效果产生更大的影响。Helene Tremblay[72]进一步研究了有机质种类对固化淤泥的固化效果的影响，他把13种有机质物质加入2种不同来源的土样中研究固化淤泥样的力学性质，发现有些有机物质阻碍了固化淤泥强度的形成，有些物质只是延缓了固化淤泥强度的形成，而有部分有机物质对固化淤泥固化效果没有影响。陈慧娥[73]通过室内力学试验、化学试验、微结构参数的定量化、微结构分形参数提取的基础上对有机质在水泥加固土强度形成过程中的作用机理进行研究，对各试样微观结构的分形特征进行论证，建立了包含有机质因素的损伤变量演化方程及水泥加固土的弹塑性损伤本构模型，并对模型进行了室内试验验证。潘永灿等[74]采用工业废石膏再配以少量粉煤灰按一定比例掺入水泥中，配制成含工业废料的水泥系固化剂，发现该固化剂对高有机质含量软土有较好的加固效果。曾卫东等[75]提出用矿渣硅酸盐水泥可以降低有机质的影响。Acosta Hector A. 等[76]用4种自身具有黏结性的粉煤灰来固化7种软土，认为粉煤灰对加固有机质土是有效的。

宁宝宽等[77~79]通过模拟试验的方法，探讨了不同浓度、不同pH值条件下各种侵蚀性离子对水泥土力学效应的影响，并对环境侵蚀机理进行了探讨。试验结果表明，水化学作用对水泥土的力学性质具有明显的影响，其中pH值的变化对水泥土的力学效应最为显著，酸性环境水泥土强度降低，碱性环境水泥土强度提高。水泥土强度的增长与pH值的增加呈非线性关系。此外，从环境侵蚀的角度来看，环境侵蚀对水泥土力学强度产生了明显的影响，而对破裂过程影响较小，且随着水泥土中水泥的水化和水泥固化体的形成侵蚀效应逐渐减弱。黄汉盛等[80]结合深港西部通道软土深层搅拌桩水泥土抗腐蚀性的室内试验得出，在腐蚀地下水环境中，在水泥土中增加矿渣、粉煤灰可提高水泥土的抗腐性，并提出了抗腐性良好的水泥土配方。裴向军[81]研究了海水对水泥土的侵蚀作用。谷秋芳等[82]也通过试验的方法研究了地下水对水泥土强度的影响。

在水泥土的变形特性方面，周国钧、胡同安[83]对不同掺和量的水泥土进行无侧限抗压强度试验，得出水泥土的变形特性随强度的不同而介于弹脆性体与弹塑性体之间。水泥土受力开始阶段，应力应变曲线基本符合虎克定律，当外力达到极限强度的70%～80%时，应力应变曲线开始呈现非线性特征；当外力达到极限强度时，对于强度大于2MPa的试样很快出现脆性破坏，破坏后残余强度极小，此时的轴向应变约 0.8%～1.2%；对于强度小于 2MPa 的试样，呈现塑性破坏。Yoshio Suzuki[84]认为，水泥土的压缩曲线表现出明显的超固结特性，各种水泥土的固结屈服应力随着水泥掺入比的增加而增大。当固结压力小于固结屈服应力时，水泥土的压缩性很小；当大于固结屈服应力时，水泥土的压缩性明显增加，且压缩指数相等，与水泥掺入比无关。林琼[85]用水泥土-土复合体制成试样进行压缩试验，试验证明存在一个屈服应力，当应力小于屈服应力时，压缩变形很小；当超过屈服应力时，压缩变形明显增加，屈服应力则随着水泥掺入比与置换率的增加而增加。因此林琼认为复合试样的压缩模量与置换率不成线性关系，而与竖向压力有关。侯永峰[86]通过复合土体的动三轴试验，研究了循环荷载作用下循环应力比、加荷频率、围压对复合土体轴向应变的影响。Tao-wei Feng 等[87]研究了水泥固化淤泥质土的固结特性，固化土的压缩系数较原淤泥质土显著降低。Mostafa A. Ismail[88]等通过三轴试验研究不同种类的水泥对固化土抗剪特性的影响。Yu-zhen Yu[89]等通过一系列三轴压缩试验，分析了水泥固化土的力学特性，发现随着围压的增加，固化土峰值应力对应的应变显著增加，而初始模量受到的影响很小。Glen A. Lorenzo 等[90]采用固化后的孔隙比与水泥掺量之比来表征固化土的压缩变形特性。梁仁旺[91]通过试验研究得到水泥土随着水泥掺入比提高有向脆性发展的趋势，从试验所得的应力应变曲线来看，可知水泥土峰值应力对应的应变小于 1%，而一般土体的峰值应变大于 3%。

可以看出，虽然经过最近十几年的研究和实践，水泥土复合地基作用机理逐渐明确，但是水泥土是多种材料组成的复合体，影响其力学特性的因素众多，并且由于工程中地质条件的复杂性，使得在实际运用过程中不断暴露出一些问题，主要表现在因地质条件和地质环境的复杂性导致的强度不足、变形过大两个方面。土层性质是影响水泥土性质的一个重要因素，而在实际工程发现的含砂软土加固后芯样更完整、强度更高的事实，以及个别学者初步的试验论证，软土中的砂料性质以及含砂量是影响水泥土强度与变形特性的一个因素。因此，通过土工试验，探索砂料对水泥土物理力学特性的影响，可为优化水泥搅拌桩掺和料设计提供一个新的途径。

1.2.3 水泥土本构模型研究现状

越来越多的土木工程工作者认为，土木工程的研究和教育方向是“土木工程基础结构的综合寿命模拟”[92]，其中材料本构方程在“模拟”中起着核心作用，材料与计算机的综合应用证明这种模拟是可靠的。就土木工程界而言，建模和模拟对于设计、建造和评估现有材料的有效性是一种经济而有效的途径。

1987年在美国克里夫兰召开了“非黏性土的本构关系国际研讨会”，会议中共出现了来自世界各地32个本构模型，其中包括3个次弹性模型、3个增量非线性模型、1个内时模型、9个具有一个屈服面的弹塑性模型、10个具有两个屈服面的弹塑性模型、6个其他形式的弹塑性模型；弹性非线性模型中的代表如邓肯-张模型，弹塑性模型中有剑桥模型、拉德模型、椭圆-抛物双屈服面模型、松岗元“空间准滑面”模型等[93]。但是由于土的性质是如此复杂，影响土体变形规律的因素太多，试图去建立一个能反映不同土各种变形规律的本构关系是不现实的，也是不必要的。考虑的因素越多，就会越复杂，势必会影响实际应用，研讨会由此得出，针对某一种土建立一个简单实用的本构关系，具有重要意义。

最为普遍的岩土本构关系即是应力应变关系，他与岩土的物理力学属性密切相关，因此本构关系的确定是人们十分关注的问题。岩土力学非线性分析的途径之一是利用岩土的弹塑性本构关系，依据标准的弹塑性力学方法求解，因此本构关系在非线性分析中占据举足轻重的地位，促使众多研究者对其给予极大地关注，并开展具有重要研究价值的工作，从而提出了各种形式的本构模型，其中大多数本构模型较为复杂。

水泥土不同于天然土体，相对于土来讲，水泥加固土的应力应变曲线具有明显的压密阶段；而相对于混凝土来讲，水泥加固土在荷载作用下又会产生较大的塑性变形，因此很难用现有的各类土体本构模型来描述水泥土的变形特性。软土经水泥加固后，形成结构性土体，其结构效应十分明显，表现在具有较高的先期固结压力，对应力路线反应敏感等特性。由于水泥土的部分性质与土相似，部分性质又与混凝土[94~96]相似，导致采用现有的土体本构模型或者岩体本构模型用于水泥土总存在某些不足的方面。目前，水泥土的本构关系模型大体上可分为弹塑性本构模型、损伤本构模型和由前两者结合起来建立的弹塑性损伤本构模型，另外还有考虑固化土结构性的本构模型。

郝巨涛[97]通过对水泥土进行常规三轴CD压缩试验，发现水泥土的试验结果与胶结土的结果不同，但与超固结土十分相似。其应力应变曲线没有明显的折点，属驼峰形的应变软化型。与超固结土一样，随着围压的升高，软化现象将逐渐减弱，最后材料转化为理想弹塑性材料。根据试验数据拟合得到水泥土的屈服函数及硬化或软化规律，黄文熙由此推导了水泥土材料的弹塑性模型。王立峰[98]研究了纳米硅水泥土的变形特性，建立单轴受压下纳米硅水泥土的本构模型。通过分析试验结果，得到了纳米硅水泥土在子午面上的图形，据此假定纳米硅水泥土屈服函数在平面上的迹线可由椭圆线相连，建立了纳米硅水泥土的屈服准则，由此在弹塑性理论的框架下，采取相关联的流动法则和塑性功硬化规律，推导了纳米硅水泥土的弹塑性本构关系模型。Kiyonobu Kasama[99]为了研究水泥的黏结效应对水泥固化黏土力学特性的影响，进行了标准固结试验、不排水三轴压缩试验等。在临界状态理论的框架下，建立了低掺量水泥土的弹塑性本构关系模型。引进内变量的概念，得到水泥土耗散能平衡方程；同时指出，低掺量水泥土的破坏取决于水泥的水化程度、孔隙比和应力状态；水泥土的破坏线 $p-q$ 与黏土的破坏线平行，在 q 轴上的截距反映了水泥土中水泥的水化程度，由此提出了水泥土的本构模型。A. Vatsala 等[100]基于硬化塑性理论的框架建立了适合固化土的本构模型。该模型假设固化土的强度有土骨架抗力和黏结强度两部分组成，并将应力应变关系分为两部分，土骨架的应力应变关系由修正剑桥模型描述，固化土黏结部分的应力应变关系由弹塑性模型得到。

张土乔[18]通过250组水泥土的不固结不排水三轴试验研究发现，根据不同的水泥掺入比、龄期、围压，水泥土的应力应变关系可划分为加工软化、加工硬化和脆性等三种模式，并根据水泥土试样的破坏特征，提出了相应的三种破坏模式：脆性剪切、塑性剪切以及脆性张裂。基于连续性损伤力学概念，建立了水泥土的损伤本构关系，提出了水泥土的损伤演变模型，并对建立的损伤本构模型进行了室内损伤力学试样验证。童小东[101]依据不可逆热力学与连续介质损伤力学的基本原理，根据水泥土的应变硬化规律和损伤硬化规律，假定了塑性损伤本构方程和损伤演化方程的形式，并结合损伤试验确定了水泥土的有关材料参数，得到了水泥土的塑性损伤本构关系和损伤演化规律，从而确定了水泥土的弹塑性损伤本构关系，建立了无侧限条件下水泥土的弹塑性正交各向异性损伤模型，并探讨了水泥土的损伤机制。Yu-zhen Yu 等[102]基于连续介质力学理论的框架，通过对水泥土的试验分析，得到了水泥土的损伤模型，该模型反映了水泥土的一些主要力学特性。王文军[103]分析了纳米硅粉水泥土受力过程中的损伤现象及细观损伤机制，探讨了不同纳米硅粉掺入比的水泥土损伤变量演化规律，建立了单轴压缩状态下纳米硅粉水泥土的弹塑性损伤模型。骊建俊[104]在沈珠江院士提出的胶结杆物理本构模型的基础上，提出了用水泥土的胶结杆弹性完全损伤模型来反映水泥土的脆性破坏。姬凤玲[105]以殷宗泽所建立的双屈服面模型为基础，引入了能反映轻质混合土胶结结构强弱的参数以及反映胶结结构逐渐破损的参数，建立了考虑轻质混合土结构性的改进双屈服面模型，详细讨论了轻质混合土结构性参数的确定方法，并对模型进行了试验验证。陈辉[106]在详细讨论了水泥土的各种强度理论的基础上，采用双剪统一强度理论推导了适合水泥土的强度准则计算公式。陈四利、宁宝宽、鲍文博[107]通过对饱水环境中水泥土力学特性的宏观试验和细观破裂行为的试验，建立了水泥土细观孔隙损伤变量和相应的损伤本构模型。该水泥土的损伤变量不仅与水泥土的初始损伤有关，而且与水泥土微小孔隙中的孔隙水的密度有关。与饱水情况下水泥土的无侧限抗压强度试验曲线进行对比分析发现，水泥土细观孔隙损伤本构模型与试验值基本吻合，很好地描述了水泥土的损伤演化特性。过去人们在研究岩土本构关系时，大多从力学和物理学的角度出发，忽略了与本构关系密切相关的结构连结问题所涉及的许多与化学有关的因素，比如化学（价键的）力、物理化学压密、矿物的结晶化学规律等。因此，研究岩土的本构模型，化学途径也是值得考虑的一个重要方面。B. H 奥西波夫指出，岩土的成分、结构、状态等特点控制着岩土中的应力应变关系。封芝莲等[108]评估旋喷法加固软土地基的效果时发现，水泥土中存在胶凝物质（C－S－H），该水化产物化学名称为水化硅酸钙，此种胶状物质含量的多少，将影响加固强度和本构关系。

由于材料性质的差异性与复杂性，寻找一个既符合材料性质又简单实用的普遍性本构模型是较为困难的。对于岩土材料更是如此，其原因是岩土材料具有更显著的非均质各向异性。此外，土的变形规律十分复杂，要在本构模型中完全反映土体变形特性是不可能的，也是不必要的，而且计算模型越复杂，所需参数也就越多。而受试验技术水平以及岩土体复杂性的制约，要获得这些参数往往很不容易，而且费用较高，所得的参数还可能缺乏代表性，从而造成这些模型的运用陷入困境。事实上，尽管已经进行了大量研究，然而我们对岩土本构关系仍感困惑，一方面是岩土材料的复杂性质使得很难建立一个全面而又实用的本构模型；另一方面建立了模型又难以确定它的参数以及验证它的真实性和可靠性，在计算时往往也会遇到困难。因此，针对某一特定岩土体的主要特性，建立一种适用于它的简单本构关系，解决一定的实际问题，是我们目前需要重点解决的问题。

1.3 主要研究内容

由于问题的复杂性、使用条件的多样性，使得水泥搅拌桩复合地基无论在理论研究方面，还是在工程应用方面都有许多亟待解决的问题，如土层物理力学指标变化对水泥搅拌桩成桩强度影响、高含水量条件下水泥搅拌桩的质量控制问题。本书在收集、查阅、整理和分析大量资料和工程实践的基础上，开展土层性质变化对水泥搅拌桩成桩质量影响的研究，提出适量配比的水泥砂浆作为固化材料处理软土的设想，通过原创性试验对水泥砂浆固化土的工程特性进行分析，在此基础上提出了适合水泥砂浆固化土的本构模型，具体内容包含如下：

(1)土层性质变化对水泥搅拌桩成桩质量影响的试验研究

采用模型试验方法，研究土层性质变化对水泥搅拌桩成桩质量的影响，为提出优化掺和料改善水泥土性能的设想奠定基础。

(2)水泥砂浆固化土物理特性试验研究

基于模型试验研究结论，以及实际工程发现的夹薄(粉)砂层软土地基加固后加固体更完整、强度更高的事实，采用适当配比的水泥砂浆作为固化材料来处理软土，通过原创性试验，研究水泥砂浆掺和料配比对固化土物理特性(如比重、渗透系数等)的影响。

(3)水泥砂浆固化土变形特性试验研究

变形特性是评价材料工程性能的重要组成之一，通过无侧限抗压强度试验，开展包括掺砂量、水泥掺入比、砂料粒径、软土含水率、龄期等因素对水泥砂浆固化土应力应变特性的影响，以及掺砂量、水泥掺入比、龄期、软土含水率对破坏应变的影响；通过三轴 CU 压缩试验，研究掺砂量、水泥掺入比、软土含水率、砂料粒径对三轴应力应变曲线形态的影响，以及水泥砂浆固化土的破坏准则、应变软化特性、孔隙水压力特性等；通过侧限压缩试验，研究掺砂量和水泥掺入比对固化土压缩变形特性的影响，以及固化土沉降变形与时间的关系。

(4)水泥砂浆固化土强度特性试验研究

强度特性是评价材料工程性能的另一个重要组成部分，通过无侧限抗压强度试验，开展包括掺砂量、水泥掺入比、砂料粒径、软土含水率、龄期等因素对水泥砂浆固化土抗压强度特性的影响；通过直接快剪试验，研究掺砂量和水泥掺入比对抗剪强度的影响，通过三轴 CU 压缩试验，研究掺砂量、水泥掺入比、软土含水率、砂料粒径对抗剪强度的影响；在上述基础上，初步阐明了砂料改善水泥土性能的机理，明确抗压强度、屈服应力以及围压之间的关系。

(5)水泥砂浆固化土本构模型研究

通过对不同情况下水泥固化土的应力应变曲线的分析，发现水泥土具有显著的初始压密硬化特征。在分析 Logistic 函数数学性质的基础上，建立适合水泥固化土"基于修正 Logistic 函数的非线性三参数水泥固化土本构模型"，并对模型中的参数进行探讨，给出参数的求解方法，进行实例运用与评价。

第 2 章　土层性质变化对水泥搅拌桩成桩质量影响的试验研究

水泥搅拌桩是利用水泥作为固化剂，通过特制的搅拌机械在地基内部就地将软土和固化剂强制拌和，使软土硬结而提高地基强度。大量工程实践证明，水泥搅拌桩复合地基处理软弱地基，施工便捷，费用适中，处理效果明显。但是不成功的案例也比比皆是，处理达不到预期效果。大量文献显示，影响水泥搅拌桩复合地基质量的因素主要包括两个方面，一是主观因素，如施工工艺、施工质量控制、浆液配比等；二是客观因素，如地质条件、施工环境等。对于前者，可以通过加强施工管理得到解决；对于后者，工程界和学术界已有众多的研究，如有机质、酸碱度对水泥搅拌桩复合地基质量的影响等，并得到了一些具有重要指导意义的结论。除此之外，土层性质变化对水泥搅拌桩成桩质量也有较大的影响，并被工程实践证明，但定性定量的分析结论未见报道。本章针对不同性质的土层，采用室内大型模型试验，研究土层性质变化对水泥搅拌桩复合地基的影响。

2.1　试验仪器与设备研制

由于水泥水化需要一定的时间，如果通过现场试验进行研究，需要耗费大量的人力物力。本章依据相似理论，研制用于模拟现场成桩的室内大型模型系统，对于该模型试验系统，课题组已经就此进行了相关的研究，初步研制了可以模拟实际成桩过程的室内模型试验系统[110]。

目前，用于水泥搅拌桩复合地基的研究手段主要有原位观测、静载试验、数值分析、模型试验等四类，前三类研究方法运用较为广泛；而模型试验受需要精确设定和控制边界条件、桩土材料特性以及如何模拟现场工况等问题的困扰，开展的相对较少，尤其是大型模型模拟试验研究。但在桩土相互作用的研究中，大型模型槽模拟试验不但具有较强的便利性，而且较其他方法获得的信息更具有准确性。在研究土层变化对水泥搅拌桩质量影响的过程中，可以有效避免现场条件下各种不利因素的干扰，并且可以在构造地基时预设置各类监测仪器对复合地基变形全过程进行监测和模拟。

模型试验系统中的水泥搅拌桩机械设计参考了现有工程中的水泥搅拌桩的成桩原理和成桩工艺，可以说是一项将大型野外工程实际的机械进行小型化处理和适当的翻版改造，实际工程中的水泥搅拌桩成桩机械构造简图如图 2－1 所示，其主要由以下几个部分组成：

(1)底盘与驱动装置：用于支持机架等上部结构，提供机器行走的动力；

(2)转杆支撑：用于使转杆在上下行走中的竖向状态和平稳；

(3)转杆与转头：用于掘进并搅拌地基土，附带成为固化浆液的流动通道；

(4)钻头掘进驱动马达及传动部件：用于带动钻头的转动和掘进，提供一定的旋转角速度和功率，致使钻头探入地基并产生一竖向圆柱扰动带存储水泥；

(5)压浆装置：用于向掘进地基某一深度输送具有一定压力的固化浆液；

(6)控制仪表：用于监控转头的掘进速度、掘进深度等参数，并保证压浆装置向钻头传输固化浆液压力的稳定性。

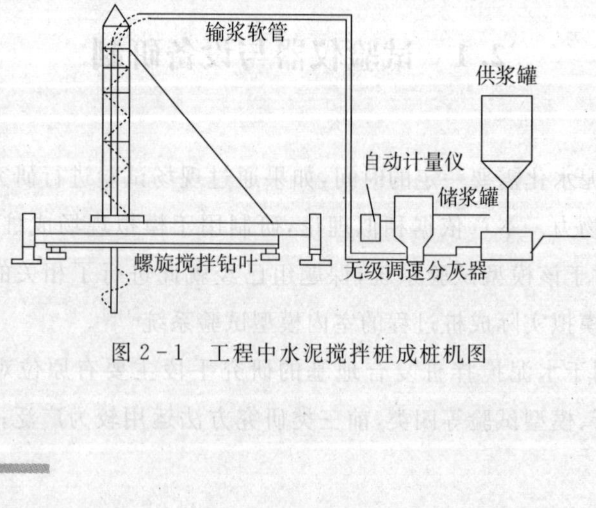

图 2－1 工程中水泥搅拌桩成桩机图

2.1.1　模型地基设计

相似理论是描述自然和工程中各种相似现象相似原理的学说。100 多年来，人们以相似理论为指导，在探索自然规律的过程中，形成了一种用于模拟自然和工程中相似现象的方法，其理论基础为相似正定理、模化法则和 π 定理，统称相似三大定理[111,112]。德国学者 Glenn Murphy 从相似理论的角度出发，将模型定义为与物理系统密切有关的装置，通过对它的观察或试验，可以在需要的方面精确地预测系统的性能。这个被预测的物理系统称为原型。因此，对于一个模型的研究，和原型之间满足某种关系通常称为模型设计条件，或系统的相似性要求。模型试验是相似方法的重要内容，在近代科学研究和设计工作中，起着很重要的作用。

模型试验的难点是如何最大程度的满足模型设计条件，即最大程度的提高系统的相似性。此次模型试验是在室内模拟现场水泥搅拌桩成桩的过程，其关键要素是最大程度的还原现场工况，因此课题组根据对原型机器的研究以及试验目的的要求[7]，确定模型相似设计的基本原则为物理条件相似、几何条件相似、边界条件相似，以及初始条件相似。此外，依据常用的相似第二定理，建立相似准则。

水泥搅拌桩复合地基的沉降和承载力规律，属于比较复杂的物理规律，涉及的物理量较多，没有统一的经验方程描述，因此，采用量纲分析法推导相似准则。量纲分析法的核心是写出量纲方程，确定参与现象的各物理量和因次表，水泥搅拌桩复合地基相关物理量和因次见表 2-1 所列。

表 2-1　物理量量纲分析弃纳表

物理量	符号	因次	弃纳值	备　注
桩　径	Φ	L	1	弃纳值=1，采用；弃纳值=0，弃用
桩　长	L	L	1	原型桩长：14m
桩　距	D	L	1	—
地基长度	L	L	0	采用地基半幅宽+3×有效边界
地基宽度	B	L	0	至少可包含并排的三列桩
地基深度	H	L	1	—

（续表）

物理量	符号	因次	弃纳值	备　注
土体容重	ρ	FL^{-3}	0	—
含 水 量	ω	None	0	—
土体压缩模量	E_S	FL^{-2}	1	—
桩体压缩模量	E_P	FL^{-2}	1	—
外载荷	P	F	1	—
地基三向位移量	S	L	0	对应约束较难实现
地基温度	T	t	0	—

根据表 2-1 给出的各个物理量取舍情况和量纲分析的各因素隐式关系，可得到量纲分析的第一个等式，即：

$$f(\Phi,L,D,H,E_S,E_P,P)=0 \tag{2-1}$$

其中，因次关系式为：

$$\left[\prod\right]=[L]^{x1}[L]^{x2}[L]^{x3}[L]^{x4}[FL^{-3}]^{x5}[FL^{-3}]^{x6}[F]^{x7} \tag{2-2}$$

将式(2-2)改写成矩阵式为：

$$AX^TB^T=0 \tag{2-3}$$

其中，$X=[x1,x2,x3,x4,x5,x6,x7]$；$A=\begin{bmatrix}1&1&1&1&-3&-3&0\\0&0&0&0&1&1&1\end{bmatrix}$；$B=\begin{bmatrix}L\\F\end{bmatrix}$。

由系数矩阵 A 可知矩阵秩为 2，方程共包含 7 个物理量，根据量纲分析理论，无因次 $\prod$ 项个数为 5，由此可得方程组：

$$\begin{cases}x5=-x6-x7\\x1=3x5+3x6-x2-x3-x4\end{cases} \tag{2-4}$$

令 $x5=1$，$x1$、$x2$ 、$x3$、$x4=0$，可得：$\prod_1=E_S/E_p$ 。

同理，$\prod_2=\Phi\sqrt{E_p}/\sqrt{P}$；$\prod_3=L\sqrt{E_p}/\sqrt{P}$；

$\prod_4=\mathrm{d}\sqrt{E_p}/\sqrt{P}$；$\prod_5=H\sqrt{E_p}/\sqrt{P}$ 。

1. 物理条件相似

由物理条件相似准则推知，模型所用材料与原型所用材料应满足以下关系式：

$$\rho'/\rho=c_\rho=1,w'/w=c_w=1,g'/g=c_g=1,$$
$$E_S'/E_S=c_{E_S}=1,E_P'/E_P=c_{E_P}=1 \tag{2-5}$$

式中，ρ、ρ'分别表示原型和模型地基土的湿密度；w、w'分别表示原型和模型地基土的含水率；g、g'分别表示原型和模型实验中的重力加速度；E_S、E_S'分别表示原型和模型地基土的弹性模量；E_p、E_p'分别表示原型和模型桩体的弹性模量。

根据物理条件相似准则，试验中的材料相似必须满足模型桩基材料与原型即现场水泥搅拌桩材料完全相同。模型地基土取自原型地基，考虑到掘取地基土时土体扰动和含水量的消减，在室内进行模型土体重构时，按现场的土体压实度和含水率进行人工增补；模型土层分布模拟现场土层分布情况，并按事先设计的固定比例配置纵向土层排列。模型桩体的水泥含量比率也与原型水泥搅拌桩桩体的水泥含量比率相一致。

2. 几何条件相似

现象相似必定发生在几何相似的空间内，因此模型地基的几何形状应与实际地基相似，主要是地基宽度和软基深度两者的几何相似比相等。成立的条件为：

$$B'/B=c_B;H'/H=c_H \tag{2-6}$$

式中，B'、B 分别表示原型和模型地基的半幅宽度；H_p'、H_p 分别表示原型和模型地基的深度。

3. 边界条件相似

(1)横向柔性边界条件和地基底部下卧层边界条件相似

复合地基的边界条件主要是横向沿地基两侧的柔性边界条件。参考已见报道的模型试验，通常通过设置柔性气囊或者其他办法满足这一条件，本文认为通过预留一定宽度的边界区来满足这一条件更为合理。因为在实际工程中，地基两侧的柔性边界为无限远，在模型试验中无法获得与现场完全相同的边界条件。根据土体弹塑性力学计算得出的土工建筑物边界设置，只需根据实际工程中的情况，在离建筑物轮廓3～5倍的尺寸范围设置一定的柔性变形边界区，即可满足计算精度要求。在这个宽度内，模型桩基变形允许充分发挥，而在这个之外的变形延伸可以忽略不计。与横向柔性边界条件设置相似，地基底部的下卧层边界条件通过预留一定厚度的下卧边界区来满足这一条件。

(2)纵向平面应变边界条件相似

一般情况下，高速公路地基计算可以简化为平面应变问题。在平面应变条件下，沿地基纵向的位移 $S=0$，剪应力 $\tau_{xz}=\tau_{zx}=\tau_{yz}=\tau_{zy}=0$。利用模型地基纵向边界为刚性挡板的这一条件来满足原型地基纵向平面应变边界条件。

(3)排水条件相似

实际工程中地基的排水条件千差万别，十分复杂。要做到模型地基的排水条件与实际工程中的排水条件完全吻合是十分困难的。将软基底面视作非完全不透水面，则只要求模型地基下卧层底面非完全密封，即视为基本满足排水条件相似。

(4)载荷条件相似

模型中模拟载荷大致有两种方式。一是模拟现场原型单桩静载试验。在室内模型中，将事先计量的重物架于水泥搅拌桩桩顶，根据累计重物质量来推算载荷，最终评定此桩体的单桩静载参数。二为模拟路堤加载方式。相对其他形式的加载方式而言，模拟路堤加载最能体现柔性路堤荷载作用下的真实工况。载荷采用逐级加载方式，分别模拟路堤填筑和运行等各阶段情况。

4. 初始条件相似

模型试验中初始条件相似是指应力历史条件相似。一般情况下，可认为原型软基处于自重条件下的正常状态，要使模型地基在自重条件下达到完全正常固结状态需要较长时间。本文在重构模型地基时，通过静置模型地基相当一段时间来模拟这一条件。

根据以上分析，模型试验中的相关参数取值列于表2-2。其中，水泥搅拌桩桩长、桩径、桩距的几何比尺并未严格按照模型试验中的普遍几何比尺来取值，因为如果桩长、桩径、桩距严格按照试验中的几何比尺取值，并保持模型桩体材料与原型桩体材料为1∶1的比例，则现场取土不再是现象相似的保证，其模型地基必须由弹性模量更大、弹塑性指标反映更灵敏的人造土体担当，这样势必增加试验难度。

表2-2　模型试验中的参数取值

物理量	模型	原型	量纲	几何比尺	物理量	模型	原型	量纲	几何比尺
半幅地基宽度	0.5	30	m	1∶60	地基土压缩模量	2.60	2.60	MPa	1∶1
地基深度	0.25	15	m	1∶60	桩体弹性模量	56.0	56.0	MPa	1∶1
横向弹性边界	1.5	90	m	1∶60	土体含水率	45%	45%	—	1∶1
竖向弹性边界	0.75	45	m	1∶60	土体容重	11.3	11.3	kNm^{-3}	1∶1
桩长	0.4	16	m	1∶40	桩体水泥含量	8%	8%	—	1∶1
桩径	0.08	0.56	m	1∶7	布桩方式	正方形	正方形	—	1∶1
桩距	0.32	1.12	m	1∶3.5	温度	10℃	10℃	—	1∶1

根据以上分析可确定模型试验槽的具体几何尺寸，考虑到模型槽需要重复利用，且必须坚固耐用，因此采用钢材制作模型槽。模型槽框架结构如图2-2所示。

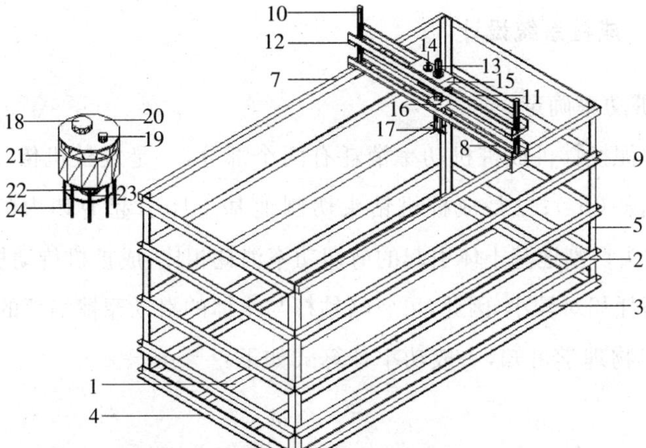

图2-2　模型槽框架结构图

1. 箱底长角钢　2. 箱底短角钢　3. 箱侧长角钢　4. 箱侧短角钢　5. 侧立角钢　6. 箱内钢衬条　7. 走机架　8. 下梁　9. 下梁垫块　10. 抗旋支撑　11. 上梁　12. 上梁垫块　13. 钻机主轴　14. 电机轴　15. 上部滑块　16. 下部滑块　17. 钻头及叶片　18. 进浆孔　19. 压力气孔　20. 上封盖　21. 柱状容器　22. 下锥体　23. 出料口　24. 支撑架

模型槽框架中各部件解释如下：

(1)模型箱体部分，主要包括：箱底长角钢 1、箱底短角钢 2、箱侧长角钢 3、箱侧短角钢 4、侧立角钢 5、箱内钢衬条 6 等，主要功能为搭建可形成模型地基的土箱。

(2)模型桩机轨道部分，主要包括：走机架 7、下梁 8，下梁垫块 9、抗旋支撑 10、上梁 11、上梁垫块 12 等，主要功能为提供打桩机在 $X-Y$ 水平面内的任意桩位布置能力。

(3)模型打桩机部分，主要包括：钻机主轴 13、电机轴 14、上部滑块 15、下部滑块 16、钻头及叶片 17 等，主要功能为实现在模型地基上形成现浇水泥搅拌桩(干喷、湿喷)。

(4)注浆机及其附件部分，主要包括：进浆孔 18、压力气孔 19、上封盖 20、柱状容器 21、下锥体 22、出料口 23、支撑架 24 等，主要功能为在打设现浇水泥搅拌桩(干喷、湿喷)时，实现有压、可控、自动的提供水泥浆液。

另外，在模型槽框架中还有一些图上无法反映的部分，如一些监测的仪表、用于输浆的增压泵、截流阀、压力仪表等。

2.1.2 成桩系统设计

1. 成桩功率确定

原型水泥搅拌桩成桩机功率消耗有两个部分，一是成桩机传动机械摩擦引起功率消耗(p_f)；二是成桩机钻头切割地基土体引起剪切力的功率消耗(p_s)。与钻头切割地基土体引起的剪切功率消耗相比，成桩机传动机械摩擦引起的功率消耗相对较小，因此，可忽略钻杆与土体的滑动摩擦消耗的功率。

由经典物理学可知，一般功率计算式如下：

$$p=m\times\bar{\omega} \tag{2-7}$$

其中，p 为功率；m 为扭矩；$\bar{\omega}$ 为角速度。对于钻头切割地基土引起的剪切功率消耗 p_s，本文认为由两部分组成，一为钻头叶片与地基土水平摩擦得到的 p_{m_h}；二为钻头叶片与地基土竖向摩擦得到的 p_{m_v}。因此，钻头切割地基土引起的剪切功率消耗 p_s 计算公式如下：

$$p_s=p_{m_h}+p_{m_v} \tag{2-8}$$

其中，p_{m_h} 可由下式

$$p_{m_h}=m_h\times\bar{\omega};m_h=\sigma_z\times\beta\times b\times\cos\theta\times(a^2+2ar) \tag{2-9}$$

式中，σ_z 为土体竖向应力；β 为地基土与金属钻头及叶片的摩擦系数；b 为钻头叶片宽度；θ 为叶片与水平面的倾角；α 为钻头叶片长度；r 为钻头半径。p_{m_v} 可由下式计算：

$$p_{m_s}=m_v\times\bar{\omega} \tag{2-10}$$

$$m_v=2\cdot\tau_f\times\pi(a+r)^2\times\left[b\times\sin\theta+\frac{2}{3}(a+r)\right] \tag{2-11}$$

式中，τ_f 为土体抗剪强度。

2. 相关关系曲线

根据 $p_{m_h}-p_{m_v}$ 的特性和成桩机传动机械摩擦的特点及相关公式(2-7)，以 τ_f 为自变量、p_s 为应变量，以及以 ϖ 为自变量、p_f 为应变量的关系图如图2-3、图2-4所示。

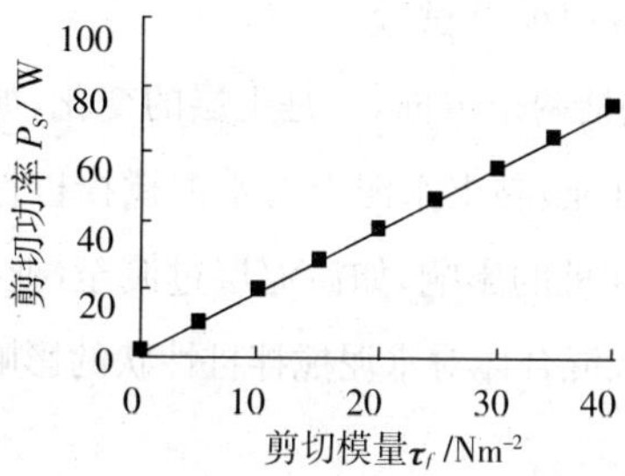

图2-3　剪切模量-剪切功率关系

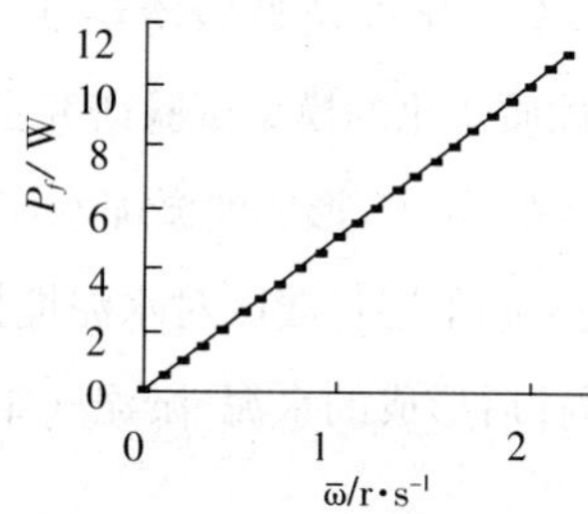

图2-4　$p_f-\bar{\omega}$ 的关系曲线

其中，相关参数取值如表2-3所示：

表2-3　土体及成桩机相关参数取值表

物理量	σ_z	β	a	b	r	θ
单位	Nm^{-2}	—	M	m	m	度
取值	25	0.5	0.04	0.015	0.01	20

3. 输出功率选择

本文模型地基涉及的土体有亚砂土、淤泥土、淤泥质亚黏土。经过重塑之后，试验测定土体最大剪切模量为31Nm^{-2}。因此，由图2-3剪切模量-剪切功率曲线图，可得 $p_s=58.4$W；根据水泥搅拌桩成桩机在成桩过程中的最大转速 2.2r·s^{-1}，再由图 2－4 关系曲线，可以得到 p_f 的值不会超过 11W。将 p_s 和 p_f 两者相加，可得 p＝69.4W。按一般工程试验中的安全系数原则，将功率安全系数取为 1.40，并依此计算出电机基准功率为 100W，故最终模型试验选择由台湾台力电机有限公司生产的 TL－L 型 100W 小型电机。

2.2　室内试验研究

连盐高速公路 K49＋700～ K51＋300 段深厚软土地基广泛发育，且土层分布具有连盐线软土沉积典型特征，各土层物理力学性质具有普遍的代表性，其典型土层分布由上至下分别为素填土、粉质黏土、淤泥质粉质黏土、粉质黏土。其中软土层淤泥质粉质黏土层厚达 12m，且物理力学性质极差，为典型发育的软土层。本次模型试验依据该段土层沉积特征为蓝本，在室内模型槽内依据前文所叙的方法进行了模型地基重构，主要研究土层性质变化、含水率变化以及夹砂薄层变化的室内模型试验。

土层性质变化的模型试验研究主要包括两个方面，一是土层的变化，如上层淤泥、下层（亚）黏土，形成的淤泥水泥土和（亚）黏土水泥土对水泥搅拌桩性状的影响；二是不同土层过渡区对水泥搅拌桩性桩的影响，如淤泥层过渡至（亚）黏土层，强制搅拌后形成的水泥-淤泥-（亚）黏土混合体对水泥搅拌桩性状的影响。

2.2.1　模型地基重构

连盐高速公路深厚软土地基沿线的典型土层分布由上至下分别为素填土、黏土、淤泥或淤泥质土、（亚）黏土，各土层性质差异较大，部分物理力学指标如表 2－4 所示。

表 2－4　典型沉积土层物理力学指标均值

土样分类	含水率	密度	孔隙比	饱和度	液限	塑限	塑性指数	液性指数	压缩系数	固结快剪 黏聚力	固结快剪 内摩擦角
	ω	ρ	e_0	S_r	ω_l	ω_p	Ip	I_L	α_{1-2}	c	φ
	%	g·cm^3		%	%	%			MPa	kPa	度
淤泥质黏土	49.5	1.67	1.427	98	51	30	22	0.955	0.96	20	8.25
淤泥	53.4	1.68	1.512	97	49	29	20	1.204	1.116	17	9.08
（亚）黏土	31.3	1.87	0.93	92	42	25	17	0.42	0.7	29	9.85

表 2－5　淤泥、粉砂、粉细砂互层物理力学指标均值

土样分类	含水率	密度	孔隙比	饱和度	液限	塑限	塑性指数	液性指数	压缩系数	固结快剪	
										黏聚力	内摩擦角
	ω	ρ	e_0	S_r	ω_L	ω_p	Ip	I_L	α_{1-2}	c	φ
	%	$g\cdot cm^{-3}$		%	%	%			MPa	kPa	度
淤泥	53	1.68	1.508	97	49	29	20	1.219	1.171	15	7
粉砂互层	51	1.69	1.449	98	50	29	21	1.034	1.08	19	9
粉细砂互层	53	1.7	1.498	97	50	29	21	1.143	0.977	20	12

此外，软弱土层中局部夹粉砂薄层、粉细砂薄层，且部分路段夹层较厚，最厚路段处超过 1m，且多发育为软土、粉砂、粉细砂互层沉积。土工试验发现，软土层与粉砂薄层、粉细砂薄层的物理力学性质存在差异，如表 2－5 所示。虽然互层与均匀的淤泥土层的物理性质差别不大，但其压缩性指标以及力学指标存在一定的差别，总体上互层淤泥层的压缩性较均匀淤泥土层的压缩性要小，黏聚力以及内摩擦角要大。因此，均匀软土与互层力学性质的差异，也可能会影响水泥搅拌桩的成桩质量。

由于现场条件下研究土层变化以及土层性质变化对水泥搅拌桩成桩质量影响的困难极大，因此将在模型槽内重构模型地基，在模型地基内进行模型水泥搅拌桩施工，从而探索土层变化以及土层性质变化对水泥搅拌桩成桩质量的影响。重构模型地基在两个模型槽内分别进行，一个模型槽地基用于模拟不同土层分布的地基，另一个用于模拟互层地基。

1. 土层性质变化的模型地基

不同土层分布的模型地基选用淤泥质土、淤泥、黏土三层土层进行重构，重构时各土层土料物理性质按表 2－5 进行重塑。土层由模型槽底部开始分层压实，每层厚度为 15cm，压实标准为各层土体具有均匀的密度。重构完成后加载 10kPa 水袋并静置 60d，以近似满足应力历史条件相似的初始条件，模型地基的实际物理性质待静置后进行桩土剥离时取样测定。本次模型试验主要研究土层性质变化对水泥搅拌桩质量的影响，模型地基各土层厚度设定为上层淤泥质土 30cm，中部层淤泥 40cm，下层黏土 30cm。

2. 互层模型地基层

现场采集的粉砂薄层夹层以及粉细砂薄层夹层，如果风干后过筛配水重构，势必难以还原现场条件下互层的沉积情况，因此，互层模型地基直接采用现场挖掘的粉砂薄层夹层以及粉细砂薄层夹层取样密封后运回(40cm×40cm×40cm 立方体),在模型槽内直接填筑。互层模型试验主要探索软土地基中粉砂夹层以及粉细砂夹层对水泥搅拌桩的影响,因此模型地基需突出夹层,并有利于在夹层中成桩,所以设计模型地基土层分布由上至下分别为淤泥质土 20cm、粉砂夹层 20cm、淤泥 20cm、粉细砂夹层 20cm、淤泥质土 20cm。鉴于夹层由现场挖掘,并考虑到模型地基的均匀性,重构模型地基的淤泥质土以及淤泥均由现场挖掘后密封运回直接重构。由于模型地基均采用立方块切割后拼接而成,土性较差,故拼接过程中不可避免的对原状土产生较大的扰动,因此为近似满足应力历史条件相似的初始条件,同样在重构完成后加载 10kPa 水袋并静置 60d。

3. 模型桩打设与养护

静置完成后,依据图 2-5 设定桩位,然后依次打设水泥搅拌桩,模型试验施工工艺参数模型试验中相关参数参见表 2-6 所列,其中,养护温度为 20℃,养护龄期为 7d、14d、28d、90d。成桩过程中进行了多次重复搅拌,以期获得质量较高的水泥搅拌桩。

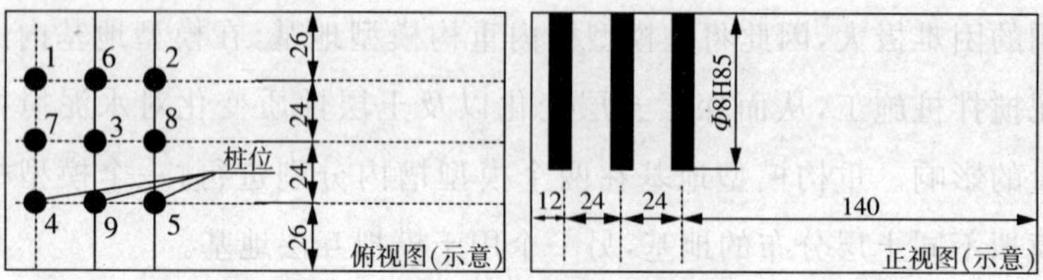

图 2-5 模型地基桩位分布以及打设顺序图(单位:cm)

表 2-6 模型试验施工工艺参数模型试验中相关参数

参数项目	参数值	参数项目	参数值
搅拌转数	$20r \cdot min^{-1}$	模型地基尺寸(长×宽×高)	200cm×100cm×100cm
钻进速度	$5cm \cdot min^{-1}$	试验用地基土	粉砂、黏土
提升速度	$5cm \cdot min^{-1}$	分离单元尺寸(长×宽×高)	50cm×24cm×24cm
灌浆压力	8MPa	桩径/桩长	8cm/85cm
水泥浆流速	$3.5cm \cdot s^{-1}$	水泥掺量	15%
每延米用灰量	5kg	水灰比	1:1
垂直度	90°±1°	养护期	1d, 7d,28d,60d
有无复搅	3~5 次	养护期温度控制	20℃

在水泥搅拌桩打设完成后，采用薄壁取土器进行桩土分离，将取出的原状水泥土芯放置于对开并涂抹润滑油的 PPC 管中，两头安置透水石后置入水中养护，通过控制养护箱内的水温，间接控制养护温度。

不同的龄期，将养护箱内的水泥土芯样剥除外层淤泥（质土）后制成直径为 3.91cm、高 8cm 的标准三轴试样，进行无侧限抗压强度试验。试验仪器采用微机控制电子式万能试验机，加荷速率 $2mm \cdot min^{-1}$，表 2-7 为不同土层模型试验结果，表 2-8 是互层模型试验结果。

表 2-7　不同土层模型试验结果　　（单位：MPa）

龄期	7d	14d	28d	60d
淤泥质土	0.081	0.155	0.214	0.272
淤泥	0.051	0.123	0.173	0.211
黏土	0.109	0.227	0.305	0.367

表 2-8　互层模型试验结果　　（单位：MPa）

龄期	7d	14d	28d	60d
淤泥质土	0.074	0.146	0.197	0.227
粉砂互层	0.108	0.198	0.251	0.291
粉细砂互层	0.119	0.229	0.286	0.321
淤泥	0.054	0.127	0.176	0.201

2.2.2　土层性质变化的影响分析

图 2-6 显示的是不同土层中水泥搅拌桩强度随龄期变化的情况。由图可知，土层性质对桩体强度存在影响，不管龄期如何，黏土-水泥土强度最大，淤泥质土-水泥土次之，淤泥-水泥土最小，黏土-水泥土强度较淤泥质土-水泥土高 25%～30%，而淤泥质土-水泥土强度较淤泥-水泥土高 20%～30%。为了进一步研究和认证这一结论，在现场试验段（1 号试验断面：K49＋700，2 号试验断面：K51＋300）临近打设试验水泥搅拌桩 6 根，桩长 14m，水泥掺入比为 12%，水灰比为 1，对上部 5m 范围内加强复搅。

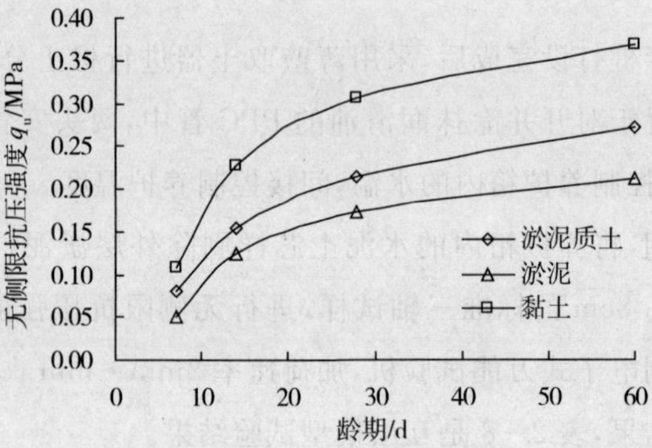

图 2-6　土性变化对水泥搅拌桩强度增长的影响(模型试验)

1. 小龄期原位强度分析

为研究水泥搅拌桩的早期强度在土层变化处的变化规律,对其中的 3 根水泥搅拌桩进行 1d 龄期轻便触探试验。轻便触探试验在浅部 6m 内进行,每 0.1m 进行一次。

图 2-7 为水泥搅拌桩 1d 龄期轻便触探随深度的分布图。可以看出,土层变化处桩身早期强度发生明显的变化。首先,在土层变化过渡的一定范围内,水泥搅拌桩早期强度明显降低,本文暂且称这一范围为水泥搅拌桩复合地基土层变化影响区;其次,土层变化影响区并非依分层界线对称分布,影响区宽约 1.6m,其中上覆土层 1.2m,下伏土层 0.4m,转折点位于上覆土层中;再次,土层变化对上覆亚黏土层中水泥搅拌桩成桩质量影响较大,而对下伏淤泥质(亚)黏土层质量影响相对较小,上覆亚黏土层中,接近土层分界面处,水泥搅拌桩早期强度降至最低,降低幅度达 63%～68%,随后开始增大。当到达影响区下伏土层边界时,强度增加近一倍。

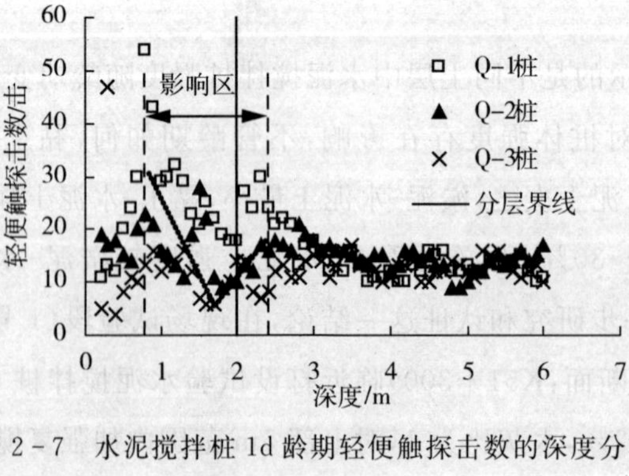

图 2-7　水泥搅拌桩 1d 龄期轻便触探击数的深度分布

可以看出，土层变化对桩身强度的影响是不容忽视的，因此在水泥搅拌桩成桩过程中，应采用一些相应的工程措施，加强提高土层变化影响区域的水泥搅拌桩桩身强度。

2. 大龄期原位强度分析

为研究水泥搅拌桩的长期强度在土层变化处的变化规律，通过对水泥搅拌桩 28d 龄期标准贯入试验，研究土层变化对水泥搅拌桩成桩质量的影响。标准贯入试验在土层变化处适当加密。

由图 2-8 可以看出，桩身 14m 范围内 $N_{63.5}$ 均超过 7 击，随深度呈指数衰减。土层分层变化对水泥搅拌桩成桩质量的影响明显，上覆亚黏土层 28d 标准贯入击数超过 25 击，在分层变化处，击数明显降低，且主要表现在亚黏土层内，至土层分界线处，水泥搅拌桩强度降低了 30%～50%；随后桩身强度约在 0.4m 内提高约 25%～30%。可见，土层变化对水泥搅拌桩质量存在较大影响，土层分层导致在土层变化影响区内桩身强度显著降低。根据标准贯入击数推测，单一亚黏土层中水泥搅拌桩桩身标准贯入击数将比单一淤泥质黏土层中高 5～7 击。

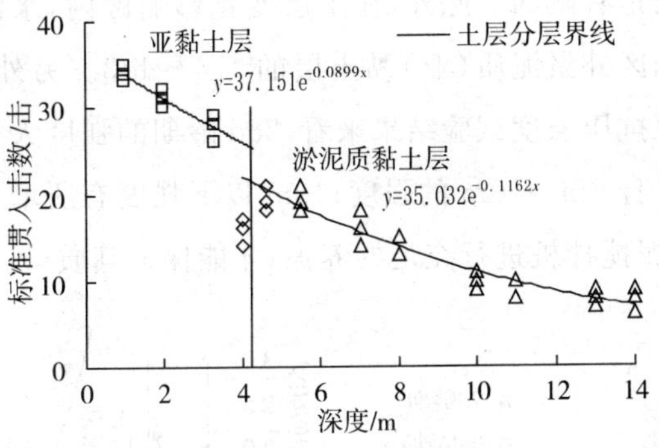

图 2-8　28d 龄期标准贯入试验击数的深度分布

因此，土层变化将降低过渡区的桩身强度，明显削弱了水泥搅拌桩整体质量，使得桩身在土层变化影响区强度明显降低。

3. 抽芯强度分析

为更加深入地研究土层性质变化对水泥搅拌桩成桩质量的影响，作者对试验段断面另外三根水泥搅拌桩分别在 7d 龄期与 28d 龄期进行钻孔抽芯，抽取原状水泥土芯，制成直径为 3.91cm、高为 8cm 的圆柱形试样进行无侧限抗压强度试验，研究现场条件下土层变化对水泥搅拌桩桩身强度的影响，了解桩身强度随深度的变化情况以及不同龄期水泥搅拌桩桩身强度的增长情况，试验结果汇总见表 2-9。

表 2-9 水泥搅拌桩桩身原状样无侧限抗压强度均值

7d 龄期				28d 龄期			
深度/m	无侧限强度/MPa	深度/m	无侧限强度/MPa	深度/m	无侧限强度/MPa	深度/m	无侧限强度/MPa
1.1	0.38	4.9	0.18	1.9	0.97	7.1	1.14
1.7	0.53	7.7	0.08	3.1	0.89	7.7	1.02
2.1	0.4	10.7	0.07	4.7	2.9	10.7	0.11
4.7	0.13	13.7	0.06	4.9	1.6	13.7	0.11

由图 2-9，图 2-10 可见，在土层变化影响区内（深度 2m 处），伴随龄期增长，无侧限抗压强度增长的幅度较小，28d 龄期强度仅仅比 7d 龄期增长 63%，与2m～10m桩身强度超过 7 倍的增长率相比，土层变化影响区内水泥搅拌桩强度增长是有限的。此外，在土层变化影响区内，水泥搅拌桩 28d 龄期强度仅为影响区外淤泥质（亚）黏土层的 1/4～1/3。另外，从水泥搅拌桩原状样的无侧限抗压强度试验结果来看，28d 龄期的强度大大高于 7d 龄期，且集中表现于桩身 2m～10m 的强度；10m 以下强度有所增长，但幅度不大。可见，只有对水泥搅拌桩进行充足的养护，才能保证其质量。

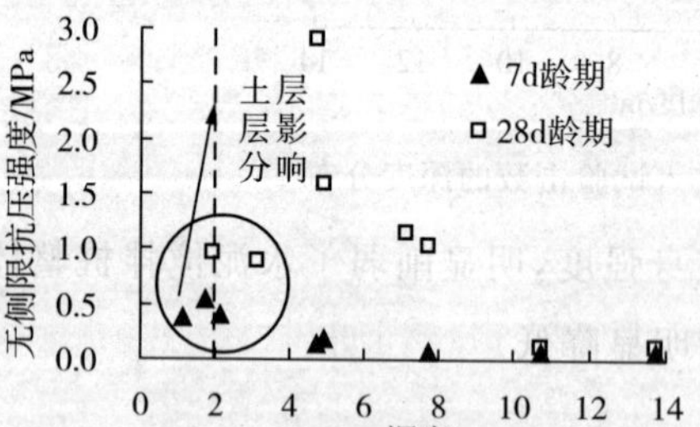

图 2-9 不同龄期水泥搅拌桩无侧限抗压强度

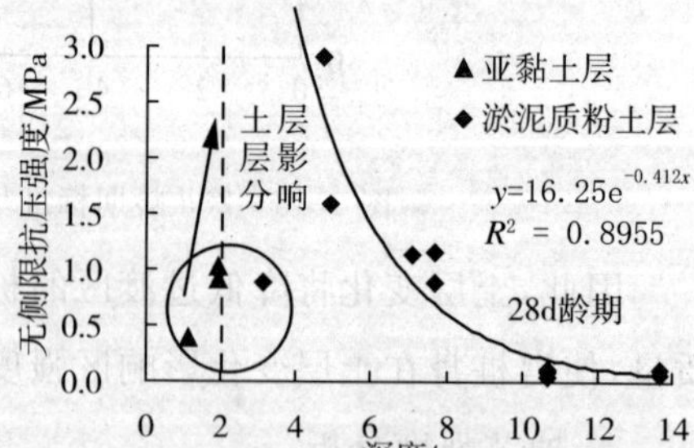

图 2-10 分层地基内 28d 龄期水泥搅拌桩无侧限抗压强度

因此，对于浅层分布的多层软弱土层地区，采用水泥搅拌桩复合地基处理时应考虑土层变化的影响，否则将严重影响施工期和营运期对于沉降的控制；对于各土层沿里程变化较大的情况，可能由于上述沉降，造成路基松动、路面开裂等一系列病害。

2.2.3　互层影响分析

由图 2-11 可见，软土地基中的粉砂薄层以及粉细砂薄层，可在一定程度上改善水泥搅拌桩的质量。由此进一步体现了土层性质差异对水泥搅拌桩成桩质量存在较大的影响。用式(2-12)可以来评价粉砂夹层、粉细砂夹层对水泥搅拌桩强度的影响程度。

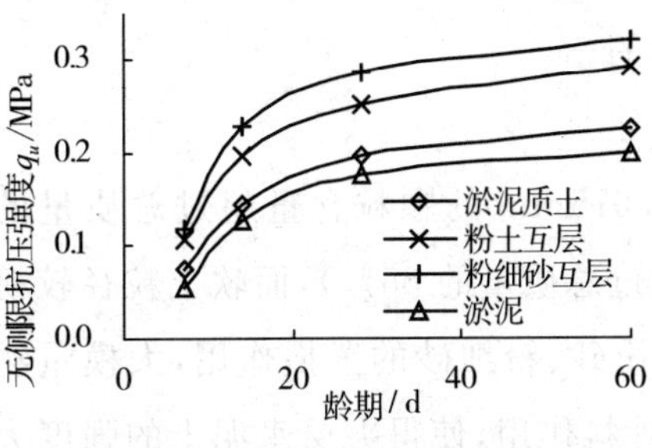

图 2-11　互层对水泥搅拌桩强度增长的影响

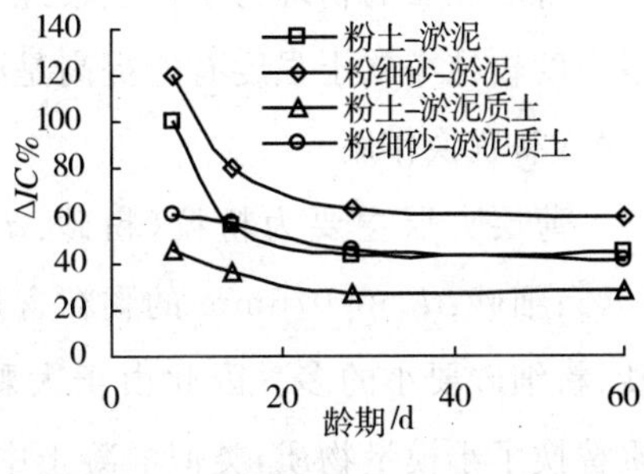

图 2-12　互层强度与均匀软土强度增长率

$$\Delta IC=\frac{(q_{夹层}-q_{软土})}{q_{软土}}\cdot 100\% \tag{2-12}$$

其中，$q_{夹层}$ 为夹层的各龄期无侧限抗压强度；$q_{软土}$ 为软土的各龄期无侧限抗压强度；ΔIC 为各龄期下不同夹层对不同软土的强度增长率。

首先，淤泥水泥土与淤泥质土水泥土表现出强度上的差异，该差异在上节已经叙述，而粉砂夹层水泥土和粉细砂夹层水泥土分别与淤泥水泥土和淤泥质水泥土也存在较大的差异，前者的强度变形特性明显，较后者优越。图 2-12 描述的是不同龄期下，互层水泥土无侧限抗压强度对均匀软土的强度增长率，各值由式(2-12)计算得出。

互层早期强度明显较均匀软土水泥土优越，尤其表现为淤泥土中薄层夹层，7d 龄期下，夹层水泥土强度较淤泥水泥土强度高出 100%，在龄期较长时，夹层水泥土强度较淤泥水泥土强度仍高出 40%～60%。此外，粉细砂夹层的水泥土强度较粉砂夹层水泥土强度要高 15%～20%。同样淤泥质土中的粉砂夹层以及粉细砂土夹层，也明显提高了淤泥土水泥土的强度。7d 龄期时，粉砂夹层水泥土较淤泥质土水泥土强度高 46%，粉细砂夹层水泥土较淤泥质土水泥土高 61%，龄期较大时，夹层水泥土较淤泥质水泥土强度高 27%～45%。此外，与淤泥水泥土相似，粉细砂夹层的水泥土强度较粉砂夹层水泥土强度要高 13%～18%。

可见深厚软土中存在粉砂薄层互层、粉细砂薄层互层，可以明显提高水泥土的强度。造成这种强度增长的原因，可能有以下几种情况：

(1)土性特征

薄层互层的物理力学性质较纯净软土优越，采用水泥搅拌桩处理时，互层强度较纯净软土强度有所提高是必然的。

(2)置换作用

薄层夹层主要为粉粒(粉砂：$d>0.075$mm 的颗粒含量超过总质量的 50%；细砂：$d>0.075$mm 的颗粒含量超过总质量的 85%)，而软土粒径较粉砂、粉细砂要小的多。因此由于大颗粒粉砂、粉细砂的置换作用，大模量物质替换了小模量物质，类似混凝土中的骨料作用，使得夹层水泥土的强度大大提高。模型地基中淤泥的颗粒分析如图 2-13 所示。

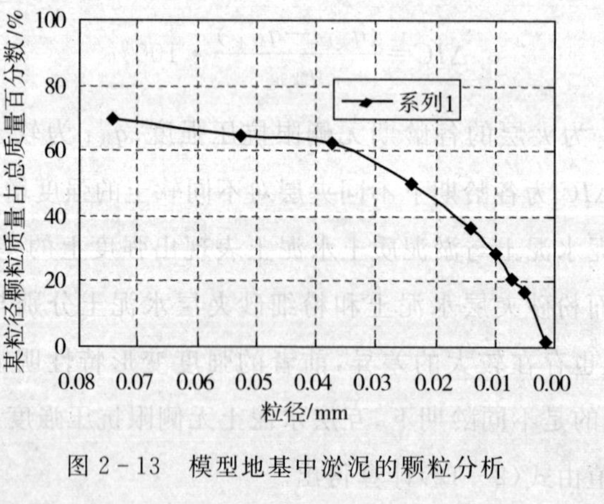

图 2-13　模型地基中淤泥的颗粒分析

(3)水泥水化物的胶结作用和填充作用

但水泥浆液与大颗粒的粉砂、粉细砂与淤泥、淤泥质土搅拌混合后，由于水泥浆液的充填作用，以及颗粒粒径范围的增大，使得空隙填充更为充分。当水泥水化后，粉砂颗粒、粉细砂颗粒以及软土颗粒相互胶结，使之成为坚固的整体，进一步增加了薄层夹层的强度。

上述分析仅仅从软土、薄层夹层的物理性质以及水泥的化学性质来描述，而夹层的存在使得水泥搅拌桩强度增加的事实是不可否认的。下一章通过室内试验来探讨其影响规律。

2.3　本章小结

1. 土层性质变化是影响水泥搅拌桩成桩质量的一个重要因素，这包括两个方面，一是土层变化的影响，即不同性质的土层对水泥搅拌桩成桩质量的影响；二是不同土层过渡区的影响，即分布的不同性质的上下土层之间的过渡区域对水泥搅拌桩成桩质量的影响。

2. 室内模型试验发现，土层性质变化对水泥搅拌桩质量存在影响。黏土-水泥土强度最大，淤泥质土-水泥土次之，淤泥-水泥土最小，黏土-水泥土强度较淤泥质土-水泥土高25%～30%，而淤泥质土-水泥土强度较淤泥-水泥土高20%～30%。现场原位试验证明，土层变化过渡区对桩身强度存在削弱作用。为了描述这种削弱现象，引入了土层变化影响区的概念，由亚黏土层过渡到淤泥质(亚)黏土层的地基，土层变化影响区宽约1.6m，上覆土层中占1.2m，下伏土层占0.4m，呈不对称分布，在影响区域内的上覆土层对水泥搅拌桩早期强度的影响大于下伏土层，且在上覆层中水泥搅拌桩强度降至最低，降低幅度为55%～70%，在接近土层分界面处桩身强度开始增大，当到达影响区底面时，强度增加了近一倍。抽芯检测进一步发现，该影响区域内，随着龄期的延长桩身强度提高幅度较小，28d龄期强度仅比7d龄期增长63%，而影响区内桩身强度仅为影响区外的1/4～1/3。

3. 室内模型试验证明，存在粉砂夹层(互层)、粉细砂夹层(互层)的软土中形成的水泥土，强度明显较均匀软土中形成的水泥土优越，夹层分布于淤泥土中时表现尤为显著。7d龄期下，夹层水泥土强度较淤泥水泥土强度高出100%；28d龄期后，夹层水泥土强度较淤泥水泥土强度仍高出40%～

60%。此外,粉细砂夹层的水泥土强度较粉砂夹层水泥土强度要高15%～20%。同样淤泥质土中分布有粉砂夹层或粉细砂土夹层,也将明显提高水泥土的强度,7d龄期下,夹层水泥土较均匀淤泥质土水泥土强度高46%～61%;28d龄期后,夹层水泥土较均匀淤泥质水泥土强度高27%～45%。此外,粉细砂夹层的水泥土强度较粉砂夹层水泥土强度要高13%～18%。可见,软土中分布粉砂或粉细砂夹层,将有助于提高水泥搅拌桩的成桩质量。

第 3 章　水泥砂浆固化土试验方法与物理特性测试

从水泥加固不同性质软土的试验中可以看出，软土性质对加固效果的影响较大。由于影响水泥固化土强度的因素较多，如：土的含水率、颗粒级配、矿物成分、有机质、可溶盐、酸碱度等，而人们从工程实例中已经发现，含大粒径组成的软土常常较纯净的软土用水泥加固效果更好。而模型试验也初步证明了这一点：存在粉砂夹层、粉细砂夹层的软土，其强度较纯洁软土高出 27%～45%，且随着夹层粒径的增大，这种趋势更加明显。

因此，在前章试验的基础上，通过在纯净的软土中掺入水泥的同时，掺入不同比例、不同粒径的砂进行原创性试验，研究经水泥砂浆加固后土体的重度、渗透系数、水稳定性等物理性质以及变形、强度等力学性质的规律。

3.1　原料的物理特性

3.1.1　软土物理力学特性

水泥砂浆固化土是一种多相复合材料，其主要成分为土、水泥、砂和水。本试验原料土取自江苏宁淮高速公路某标段地基深处的淤泥质土，经过试验测定，其基本物理力学性质见表 3－1 所列，淤泥颗粒组成及粒径分布曲线如图 3－1 所示。

表 3－1 土的主要物理力学性质

天然密度 /g·cm^{-3}	含水率 /%	孔隙比	液限 /%	塑限 /%	塑性指数	液性指数	有机质 /%	pH 值
1.70	66	1.79	55	30	25	1.44	1.59	6.2

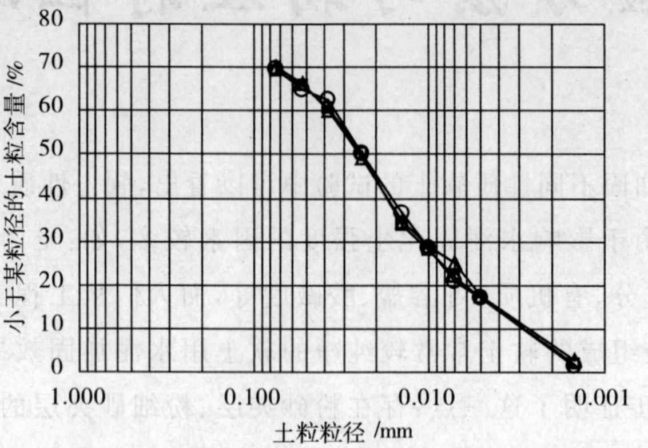

图 3－1 淤泥粒径分配曲线

由于本试验所用的淤泥中含有少量的贝壳、海螺等杂质，为不影响试验精度，对原料土进行了自然晾干，在用橡皮锤破碎后，用直径为 1mm 的细筛将淤泥中的杂质过滤出去。

根据淤泥的液限 $\omega_L=55\%$，塑性指数 $I_P=25$，在标准塑性图上位于图中 A、B 线所夹 CH、CHO 范围内，属于高液限黏土。根据图 3－1，淤泥中黏粒（粒径 $d<0.005$mm）的含量超过 50%，故本试验所用淤泥属于高液限黏土(CH)。

3.1.2 固化剂特性

目前主要运用的工程固化材料是水泥。随着材料科学的发展，越来越多的新型固化剂被用于工程建设中。水泥作为运用成熟的传统固化剂，按组成成分和不同用途又衍生出众多类型的水泥。其中，硅酸盐水泥是水泥中产量最大、用途最广的一种，其主要成分为氧化钙、二氧化硅、三氧化二铝、三氧化二铁及三氧化硫等，由这些不同的氧化物分别组成了不同的水泥矿物，如硅酸三钙（$3CaO \cdot SiO_2$）、硅酸二钙（$2CaO \cdot SiO_2$）、铝酸三钙（$3CaO \cdot Al_2O_3$）、铁铝酸四钙（$4CaO \cdot Al_2O_3 \cdot Fe_2O_3$）、硫酸钙（$CaSO_4$）等。

水泥中的这些矿物熟料遇水后发生化学反应(即水化反应),生成的主要水化产物为水化硅酸钙(CSH)、氢氧化钙($Ca(OH)_2$)、水化铝酸钙(CAH)、水化铁酸钙(CFH)、水化硫铝酸钙(CAlSH)等。这些水化产物具有胶结作用,能将混合土中的其他成分胶结在一起,并随着时间的推移发生凝结、硬化作用,使拌和物的强度得到较大幅度的提高。水泥在水泥砂浆固化土中的凝结与硬化机理与水泥土相似,主要有三种,即为水泥的水解和水化反应、离子交换和团粒化作用以及硬凝反应。

表3-2　试验用水泥基本性质

项　目		GB175-1999标准	实测值
细度0.08mm筛余%		≤10	2.50
标准稠度%		/	25.2
凝结时间	初凝	≥45min	2∶35
	终凝	≤10h	3∶35
安定性		合格	合格
ISO砂胶强度(MPa)	2d抗折	≥2.5	3.8
	28d抗折	≥5.5	8.0
	2d抗压	≥11.0	16.0
	28d抗压	≥32.5	42.0
三氧化硫SO_3(%)		≤3.5	2.17
水泥中氧化镁MgO(%)		≤5.0	4.2
烧失量(%)		≤5.0	1.20

本次采用的固化材料为南京江南水泥厂生产的“钟山牌”P.O325普通硅酸盐水泥,在目前使用的各种固化剂中,有着最广泛的代表性,基本参数如表3-2所示。

3.1.3　砂料特性

为了使试验结论具有可检验性,所以采用具有标准物理特性的ISO标准砂作为砂掺和料。中国ISO标准砂(reference sand)根据GB/T17671-1999(ISO679∶1989)生产,由含量不低于98%的天然圆形硅质砂组成,是我国检验水泥强度用的法定基准材料，其粒径组成如图 3-3 所示，理化指标如表 3-4 所列。

表 3-3　ISO 标准砂的级配

粒径(μm)	2000	1600	1000	500	160	80
筛余(%)	0	7±4	33±4	67±4	87±4	99±1

表 3-4　ISO 标准砂理化指标

二氧化硅	烧失量	湿含量	泥含量	氯离子含量	漂浮物
>98.0%	<0.40%	<0.18%	<0.18%	<0.007%	<0.001%

3.2　试验方法

试验工作不仅是学科理论研究与发展的需要，也是为岩土工程设计提供参考依据的需要，所以试验在岩土工程学科研究中起着重要的作用。室内试验是测定土工材料工程特性和探索土工材料本构关系的重要手段，对任何一种新型材料的研究，都离不开室内试验。本文研究的目的就是通过室内试验，研究不同配比的水泥砂浆固化土的物理特性以及强度和变形特性，为工程应用提供科学依据，所以首先对水泥砂浆固化土的试样制备方法和试验方法加以介绍。

3.2.1　试验掺料配比

在软土等不良地基处理中，一般在不良土层中掺入一定比例的掺和料，通过机械搅拌后使掺和料与不良土层发生一系列的物理、化学反应，从而达到改善不良土层物理力学性质的目的，如对高液限黏土采用一定比例的生石灰作为改良剂进行拌和，对水泥搅拌桩采用一定比例的水泥作为固化剂进行拌和等。由于工程地质条件以及工程需要的差异，不同地区、不同工程对不良土层处理要求不同，因此需要因地制宜地采取不同的配合比，以达到经济效益和技术效益的最优化。所以，确定合理的掺和料配比，是工程设计中的重要一环，即使是成熟的不良地基处理技术，最终的处理设计仍然需要通过室内试验和现场试验来确定处理的方式，而室内试验是确定掺和料配比的依据。可见配合比是不良地基处理工程中一个比较重要的参数。

对于水泥搅拌桩，不管是湿喷法还是干喷法，有关水泥掺入比的研究，已经较为成熟，对于水泥砂浆固化软土的思路，仅仅在实际工程中发现水泥搅拌桩处理含砂软弱地基时得到佐证，因此需要进行大量试验，以验证水泥砂浆固化软土较单纯的水泥搅拌桩具有更好的工程力学性质，需要通过广泛的研究，确定各掺料对固化土物理力学性质的影响。因此，在制定试验方案时，需要合理确定掺和材料的配比，从而尽可能在试验室条件下模拟出各种可能遇到的工况。事实上，一一考虑各种工况条件是不现实的，因此，本文主要考虑影响软土处理效果的主要矛盾，来确定试验掺料的配合比。由于没有水泥砂浆固化土的研究报道可供参考，所以需要经过一定的探索试验后，再对具有工程运用前景的典型配比进行深入地研究。

通常情况下，水泥搅拌桩的设计主要依据工程需要选择适合的水泥掺入比以及水灰比，对于水泥掺入比，一般选择10％～20％之间；对于水灰比，一般选择在0.5～1之间[66]；对于掺砂量，本文设计的试验方案包括0％、5％、10％、15％、20％、30％、45％、60％、75％等几种情况；对于养护的龄期，除按照水泥土相关的试验标准选择28d、90d外，同时参考与水泥土强度特性相关的研究，选择7d、14d、60d等龄期，作为研究水泥砂浆固化土强度变化的依据。

表3-5　试验方案汇总表

水泥掺入比 α_w/％	养护时间 /d	含水率 ω/％	掺砂量 α_s/％	说明	试验项目
10	7	47.5％	0％，15％ 45％，75％	ISO砂	无侧限 直接快剪
	14				
	28				
	90				

（续表）

水泥掺入比 α_w/%	养护时间 /d	含水率 ω /%	掺砂量 α_s/%	说明	试验项目
15	7 14 28 90	47.5%	0%，5%，10% 15%，20%，30% 45%，60%，75%	ISO砂	无侧限 直接快剪 侧限压缩 三轴 CU
15	7 14 28	56% 65%	15% 20%	ISO砂	无侧限 三轴 CU
20	28	47.5%	15%	ISO砂	侧限压缩 直接快剪 三轴 CU

表 3-5 中，试验中的水泥掺入比依据实际工程中的约定，采用湿土质量的百分比，水灰比为 0.5，其他各组成材料如含水率、掺砂量以干土质量为标准。因为，干土质量在整个试验过程中是唯一不受其他含量变化而改变的量。在实际工程中，由于施工进度及外界条件的影响，更为关心和重视的是水泥砂浆固化土早期强度的变化规律，因此通过对不同龄期固化土的强度、变形特性进行深入研究，有着实际的指导意义。

3.2.2　试验设备和制样方法

水泥砂浆固化土的室内制样设备简单，混合搅拌主要采用搅拌机，试验室采用南京皇冠厨具有限公司生产的 B10 型三功能搅拌机，转速为 100 $r \cdot min^{-1}$；组成材料配比的测定，则采用量程为 2000g 和 200g 的电子天平，试验各原料粒径均小于 2mm，因此制样采用 Φ39.1mm、H80mm 的三开模分层击实的方法，养护采用标准养护箱，养护温度根据试验方案设定，湿度为 100%。具体试验步骤如下：

(1)不同配比下组成材料的质量计算。由于土料含水率较高，因此采用质量控制的方法确定各种配料的质量。质量控制是指每个试样的质量，按事先算得的理论值加以控制，理论质量等于模具体积与混合土密度的乘积，混合土密度为各种组成材料质量的总和与总体积的比值。混合土的总体积用公式(3-1)进行计算，只是由于各种因素的影响，试样的实际质量与理论质量之间存在一定的浮动，但可以作适当调整，以保证各个试样质量之间的变动范围在±1g 左右。每个试样完成后，称量试样的质量，如果不在允许范围之内，需重新配料制样。

$$v=\frac{m_c}{\rho_c}+\frac{m_w}{\rho_w}+\frac{m_{sl}}{\rho_{sl}}+\frac{m_{sd}}{\rho_{sd}} \tag{3-1}$$

角标 c、w 、sl、sd 分别对应水泥、水、干土、砂。

(2)选定一种配比，按计算结果称取各种组成材料，然后将各种材料混合搅拌。混合顺序是，先将水加入到原料土中，对原料土的含水率进行调整，采用 B10 型搅拌机搅拌，大约 3min，使之成为均匀泥浆；然后再加入不同比例的砂搅拌 1min；最后加入水泥，混合 5min，搅拌均匀。需要注意的是，不能将水泥、水和砂同时加入进行混合，这样难以搅拌均匀，同时还会发生飞溅现象。

(3)最后将浆体采用质量控制、分层压实的成型方法，分层装入模具内依次击实，标准置养护箱内一天后脱模，然后重新放入标准养护箱内养护到规定龄期，对于进行单向压缩固结试验的试样，不脱模养护；对于无侧限抗压强度试样，各配比制作 5 个平行样。

(4)将达到龄期的试样，对其质量和体积测定后，无侧限抗压强度试验(无侧限抗压强度试验)、直接剪切试验直接进行，三轴压缩试验、单向压缩固结试验则对试样进行抽气饱和并浸水一昼夜。

3.2.3　试验步骤

(1)试验之前，要对试验所用材料的质量进行必要的检验，对组成材料的性质有一定了解。对于原料土，在试验之前，应该准确测定它的含水率，对于购置的成品 ISO 标准砂要进行颗粒分析，对于购置的水泥要放置在干燥的地方密封保存。

(2)在制样之前，一定要保证混合料的均匀程度；在制样过程中，每个试样完成后，都要把混合料再搅拌一次，以保证混合料的均匀性。

(3)试验过程中,应尽可能将掉落和黏附在击实器上的混合料置入三开模,以保证控制试样质量变化不超过±1g 的范围,特别是在水泥掺入比和掺砂量较小、含水率较高的时候,要注意试样质量控制。事实上,按计算结果进行配料制样,制样质量普遍比计算质量小 3%左右。一是由于混合料含水率较大,难以击实,即使分五层制样,但是在试验中检查仍能发现试样表面、试样内部经常出现较多的微小孔隙,这是造成质量偏差的主要原因;二是由于混合料黏性较大,即使对模具涂抹润滑剂,仍不可避免地产生一定的损失。因为质量损失是由于试验条件而造成的,且具有普遍性,这些损失在一定程度上降低了试样的工程力学性能,但在总体上不会影响整体试验的准确性和真实性。

(4)在模具内壁要抹一层润滑剂(例如:机油),这样可以方便拆模,保证试样不被损坏。但要注意,要使所采用的润滑剂不与各种原材料发生反应。如果不采用润滑剂,脱模时比较困难,容易破坏试样。

(5)要特别注意试样的养护条件是否达到要求,养护环境是否一致,这对试验结果影响比较大。因为,随着养护时间的延长,混合土的物理、力学特性是在不断变化的。

3.3 水泥砂浆固化土的物理特性

根据上述步骤,依据土工试验方法标准(GB/T－50123－1999),测定水泥砂浆固化土的重力密度、渗透系数、水稳定性等物理特性,研究水泥砂浆固化土是否满足实际工程运用的基本物理特性要求;通过无侧限抗压强度试验、直接剪切试验、固结试验(侧限压缩试验)以及三轴 CU 试验,研究水泥砂浆固化土的基本力学特性,为水泥砂浆固化土的实际运用奠定基础。

3.3.1 水泥砂浆固化土的主要工程特性试验

3.3.3.1 重力密度

目前,工程中采用复合地基处理软土的目的主要有提高载荷、较少沉降、提高稳定性等。复合地基的沉降主要包括两个部分,即上部加固区的压缩沉降和下卧层沉降。而关于复合地基沉降异常的原因，常常由下卧层沉降引起，对于控制下卧层的沉降，除增加加固区厚度外，还需要控制加固区由于掺和料的拌入引起的重度增加。

由于砂、水泥密度均较软土大，因此，不合理的掺料配比有可能导致加固区重度增加，造成下卧层沉降。因此，密度是水泥砂浆固化土配合比最优化的一个指标。由于所制试样质量普遍较计算值小3%左右，因此对于水泥砂浆固化土的重度，取计算掺料配合比的理论值。

3.3.3.2 渗透系数

水泥搅拌桩形成的固化土(水泥土)由于渗透系数较小($<10^{-7}$ cm·s^{-1})，在工程中常常采用水泥搅拌桩制作止水帷幕。因此，通过测定各种配合比下水泥砂浆固化土的渗透系数，用于分析水泥砂浆固化软土是否可以用于制作止水帷幕。渗透系数的测定有常水头渗透试验和变水头渗透试验。对于水泥砂浆固化土，将采用变水头渗透试验，以测定不同配合比下固化土的渗透系数。

3.3.3.3 水稳定性试验

水稳定性指的是抗水性和抗冲击性，即当受到水的侵蚀时不致产生软化而降低强度。如果采用水泥砂浆固化软土，由于软土分布区地下水位常常较高，因此需要水泥砂浆固化土有较好的水稳定性。本文采用湿化试验(浸泡)以及0.08MPa水力冲刷试验(暴雨强度)来评价水泥砂浆固化土的水稳定性。

3.3.3.4 无侧限抗压强度试验

无侧限抗压强度，又称单轴抗压强度，是指试样在侧面不受任何限制的条件下承受的最大轴向应力。无侧限抗压强度试验简便，能快速反应试样的强度特性，应用最为广泛，试验方法也较为成熟，在科学研究及实际工程中广泛采纳。本文采用该试验的目的是快速取得水泥砂浆固化土抗压强度随水泥掺入比、含水率、密度和龄期的变化而变化的规律，确定强度特性相对稳定的配比。

试验采用微机控制的电子式万能试验机，应变控制，加荷速率为0.8 mm·min^{-1}，在20℃左右的室温条件下进行无侧限抗压强度试验。每个试验项目(即每个配比)均制样5个，进行平行试验，以提高试验数据的可靠性。

3.3.3.5 直接剪切试验

直接剪切试验是测定抗剪强度的常用方法。抗剪强度指土体抵抗剪切破坏的极限能力，即在外力作用下，其中一部分土体对另一部分土体滑动时所具有的抵抗剪切的极限强度。采用直接剪切试验可方便地测定抗剪强度，为计算地基强度和地基稳定性提供基本指标。本文采用直接快剪试验，来确定各配合比下水泥砂浆固化土的 c_q、φ_q 以及 c_{qR}、φ_{qR}。

试样根据式(3 - 1)计算，将搅拌均匀的拌和料分两层压入内径61.8mm、高度20mm的环刀内，在标准养护箱内养护28d，养护温度为20℃±2℃。采用应变控制式直剪仪，以0.8～1.2mm·min^{-1}的速率剪切使试样在3～5min内剪损，如测力计的读数达到稳定或有显著后退表示试样已剪损，但一般宜剪至剪切变形达到4mm，若测力计读数继续增加则剪切变形应达到6mm为止。

3.3.3.6 固结试验

固结试验的主要目的是测定试样在侧限与轴向排水条件下的变形和压力，或孔隙比和压力的关系以及变形和时间的关系，以便计算土的压缩系数 a_v、压缩指数 Cc、回弹指数 Cs、压缩模量 Es、固结系数 C_v 及原状土的先期固结压力 σ_P 等，当只进行侧限压缩试验时允许用于非饱和土。

对于水泥砂浆固化土，则进行侧限压缩试验，其目的是研究水泥掺入比、掺砂量、龄期等对固化土压缩变形特性以及压缩屈服应力、压缩模量等的影响。试验仪器与一般土体的试验仪器相同，为标准固结仪，如果只研究压缩特性，不考虑固结过程，单向压缩固结试验是比较合适的；如研究固化土的固结过程，可以得到变形与时间的关系曲线，但不能采用太沙基一维固结理论进行计算，这是因为固化土不符合太沙基理论的基本假设。试样的制作与直接快剪试验相同，但试样不脱模。将不同水泥掺入比、掺砂量、龄期的试样，进行抽气饱和，浸透一昼夜后，将试样放入标准固结仪内，对其进行压缩试验。本次试验所施加的压力等级为25kPa、50kPa、100kPa、200kPa、400kPa、800kPa、1600kPa、1800kPa，并在试验中根据实际情况调整。每施加一级荷载，待变形稳定后，再加下一级荷载，稳定标准为一个小时内变形量不超过0.005mm。

3.3.3.7 三轴CU压缩试验

三轴压缩试验的目的主要是测定不同围压作用下，水泥砂浆固化土应力应变特性的变化规律，计算抗剪强度指标，分析水泥掺入比、掺砂量、含水率、龄期对抗剪强度指标的影响以及水泥砂浆固化土的破坏标准。

本书在无侧限抗压强度试验以及直接剪切试验的基础上，选取3种水泥掺入比、6种掺砂量、3种含水率、4种砂料粒径以及2个龄期的试样，在达到规定龄期后，对试样进行抽气饱和，浸水一昼夜后，采用应变控制式三轴仪，进行固结不排水三轴(CU)压缩试验。试样大小与无侧限抗压强度试验的试样相同，为直径39.1mm，高80mm。固结不排水试验的剪切应变速率为0.08mm/min，围压一般取100kPa、200kPa、300kPa、400 kPa，特殊情况下可取500kPa。另外需要指出的是，三轴压缩试样虽经过了抽气饱和、浸透，且在试验过程中饱和度也可达到90%～95%，但事实上，试样中存在孔隙，由于水泥水化物的封闭作用，而无法实现饱和。

3.3.2 固化土重度的变化规律

水泥砂浆固化土是多种材料的混合体，影响密度的因素较多，主要与各组成材料的配比相关。采用高压喷射注浆法在软弱地基(黏性土)中形成的水泥土固化体内部由于其含有一定数量的气泡，使得水泥土的重度相对较小，深层搅拌法形成的水泥土由于拌入软土中的水泥浆重度与软土的重度相近，所形成的水泥土重度较原状土重度增加4%左右，因此，上述二者处理软弱地基时，不会因为上部加固区的重度变化导致下卧层的受荷变形。

为避免因加固材料引起的复合地基自重应力增加，必须力求加固体的重度增量较小。由于砂料密度较大，因此研究水泥砂浆固化土密度随掺料的变化，进而研究其重度的变化具有重要的意义。

根据式(3-1)对各材料配比的计算，计算了不同水泥掺入比、不同掺砂量下水泥砂浆固化土密度的变化情况。图3-2给出了不同水泥掺入比、不同掺砂量下固化土重度的变化关系。

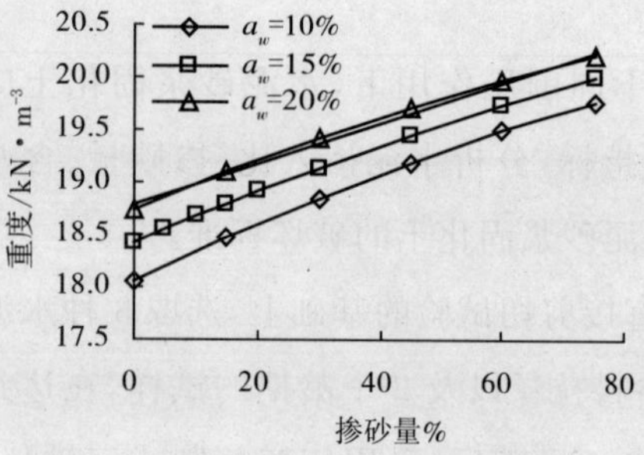

图 3-2　掺砂量与固化土重度之间的关系

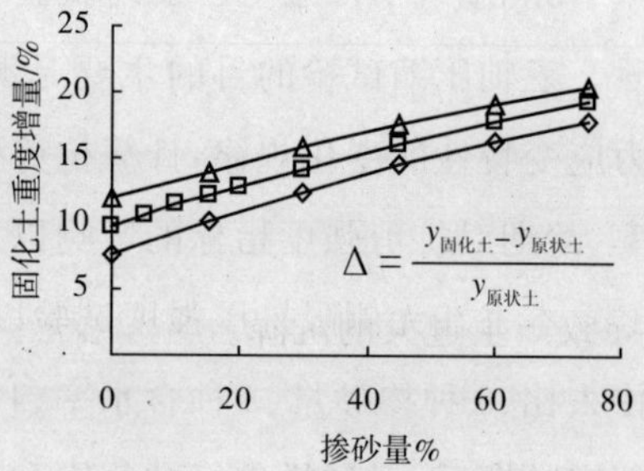

图 3-3　掺砂量与固化土重度增量的关系

随着掺砂量的增加，固化土重度也不断增加，二者基本呈线性关系，可用下列拟合线分别表示：$\alpha_w=20\%$：$y=1.9302x+18.797$，$R^2=0.9944$；$\alpha_w=15\%$：$y=2.1054x+18.465$，$R^2=0.9959$；$\alpha_w=10\%$：$y=2.2823x+18.111$，$R^2=0.9936$。可以看出，固化土重度受水泥掺入比和掺砂量综合控制，拟合直线的斜率体现了掺砂量的影响，而截距则是水泥掺入比影响的体现。水泥掺入比越高，随着掺砂量的增加固化土重度增加越快，图 3-3 进一步说明了固化土重度随着掺砂量增加的幅度。在本文设定的试验配比下，固化土重度最大增加 20%，即掺砂量每增加 15%，重度约增加 2%；当掺砂量为 0 时，水泥掺入比每增加 5%，固化土重度约增加 2%。因此，采用水泥固化软土，按理论计算值来看，均在一定程度上提高了固化土的重度。随着砂的掺入，这种趋势更为明显。

为了进一步阐述掺和料引起固化土重度的增加，从而导致下卧层过度沉降的可能性，采用 15%和 30%两种置换率，对采用水泥砂浆搅拌固化处理的加固区自重应力进行了计算。计算结果显示，即使掺砂量高达 75%，但加固区自重应力增加有限，如图 3-4 所示。置换率为 15%时，加固区自重应力增量不超过 3%；置换率为 30%时，加固区自重应力增加不足 6%。可见，即使掺砂量较高，置换率较大，加固区自重应力增加也有限，在加固区下卧层中引起得附加应力也较小。

置换率的公式如下：

$$m=\frac{A_P}{A} \tag{3-2}$$

其中，m 为置换率；A_p 为桩体横断面积；A 为该桩体所对应(或所承担的)复合地基面积。

因此，采用水泥砂浆搅拌软土加固地基时，虽然固化土重度有所提高，但是不会导致加固区自重应力大幅增加，在下卧层产生较大的附加应力而导致产生过大的沉降。

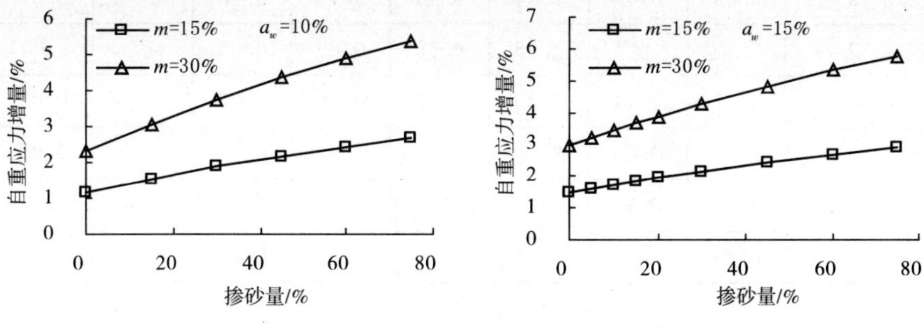

图 3-4　加固区自重应力增量与掺砂量的关系

3.3.3　固化土渗透系数的变化规律

水泥土由于渗透系数较小，一般均在 $10^{-7}\sim10^{-8}$ cm · s^{-1}之间，因此常常用作止水帷幕而发挥出显著的工程效益与经济效益。事实上，水泥砂浆固化土同样具有较低的渗透系数，且随着龄期的变化不断减小。

水泥砂浆固化土较原状土渗透系数显著降低，原料土渗透系数为 1.07×10^{-6} cm · s^{-1}，经水泥砂浆固化后，不论掺砂量的多少，渗透系数至少降低两个量级。当龄期为 7d 时，渗透系数降低至 10^{-7} cm · s^{-1}；当龄期为 14d 时，渗透系数降低至 10^{-8} cm · s^{-1}；当龄期超过 28d 时，渗透系数降低至 10^{-9} cm · s^{-1}。当水泥掺入比一定时，随着掺砂量的增加，固化土渗透系数也略有降低，但幅度很小；当掺砂量一定时，随着水泥掺入比的增加，固化土渗透系数也不断降低。因此，对于水泥砂浆固化土来说，其渗透系数主要受水泥掺入比控制，而掺砂量的增加对固化土渗透系数影响不大。由此可见，采用水泥砂浆处理软弱地基，同样有较好的抗渗性能，这主要是因为随着龄期与水泥掺入比的增加，水泥水化物含量不断提高，胶结物的胶结作用和充填作用发挥更充分，使得固化土内孔隙的连通性不断降低。表 3-6 为不同龄期下，水泥砂浆固化土的渗透系数试验平均值。

表 3-6 水泥砂浆固化土渗透系数(10^{-7}cm·s^{-1})

掺砂量	$\alpha_w=10\%$		$\alpha_w=15\%$					
(%)	7d	28d	7d	14d	28d	90d	7d	28d
0	5.87	0.55	2.87	0.66	0.12	0.04	1.01	0.07
10	/	/	2.32	0.56	0.07	0.05		
15	5.63	0.59	2.44	0.45	0.10	0.03	0.88	0.07
20	/	/	2.38	0.55	0.09	0.03	/	/
30	5.67	0.44	2.33	0.57	0.06	0.02	1.11	0.06
45	5.57	0.48	2.40	0.41	0.07	0.02	0.83	0.07
60	5.64	0.41	2.29	0.49	0.08	0.03	1.12	0.05
75	5.54	0.39	2.31	0.51	0.08	0.03	0.94	0.06

3.3.4 固化土水稳定性的变化规律

通过湿化试验和冲刷试验发现,水泥砂浆固化土具有较好的水稳定性,如表 3-7 所示。

表 3-7 水泥砂浆固化土浸泡与冲刷的质量损失

配合比	湿化试验		冲刷试验	
	1d	28d	12h	24h
$\alpha_w=10\%$,$\alpha_s=15\%$	−2.4%	+3.7%	−3.2%	−1.2%
$\alpha_w=15\%$,$\alpha_s=30\%$	−1.7%	+3.2%	−4.1%	−2.3%
$\alpha_w=20\%$,$\alpha_s=75\%$	−2.1%	+4.1%	−3.8%	−1.8%

湿化试验发现,不管是7d龄期还是90d龄期,固化土均保持完好的外形特征,没有因浸泡作用而发生较大的散落、崩解等现象,仅仅有一些细小的颗粒掉落。鉴于短时间浸泡对水泥砂浆固化土基本没有影响,从而对其中的三组试样($\alpha_w=10\%$、$\alpha_s=15\%$;$\alpha_w=15\%$、$\alpha_s=30\%$;$\alpha_w=20\%$、$\alpha_s=75\%$)进行了一个月的浸泡。事实上,一个月后固化土依旧保持完好的外形,且由于长时间浸泡,固化土质量稍有增加,这是因为固化土长期处于饱水条件下含水率增加所致。冲刷试验中,由于水力难以控制在0.05MPa以内,鉴于湿

化试验中固化土表现出良好的抗浸泡能力，因此直接采用自来水龙头满放产生的水柱进行冲刷。试验表明，固化土同样具有良好的抗冲刷能力，在连续冲刷 1d 后，固化土质量基本没有损失。

水泥砂浆固化土具有良好的水稳定性和抗冲刷能力，主要与水泥水化物的胶结作用和充填作用相关。随着龄期和水泥掺入比的增加，水化物的胶结和充填逐渐充分，使得固化土含水率不断降低，固化土中的土颗粒、砂颗粒逐渐被胶结成一个整体。

3.4　本章小结

1. 水泥砂浆固化土的重度随着掺和料的增加而增加，当水泥掺入比一定时，掺砂量每增加 15%，重度约增加 2%；当掺砂量一定时，水泥掺入比每增加 5%，固化土重度约增加 2%。如果采用水泥砂浆搅拌软土加固地基，即使置换率取 30%，加固区自重应力增加仅 6%左右，因此，采用水泥砂浆搅拌软土加固地基时，不会因为加固区自重应力的增加，在下卧层产生较大的附加应力而导致引起过大的沉降。

2. 水泥砂浆固化土与水泥土一样，具有较小的渗透系数，具有防渗堵漏的能力。7d 龄期时，渗透系数量级为 $10^{-7}cm \cdot s^{-1}$；14d 龄期时，渗透系数量级为 $10^{-8}cm \cdot s^{-1}$；超过 28d 龄期时，渗透系数量级为 $10^{-9}cm \cdot s^{-1}$，且渗透系数减少的程度主要受水泥掺入比控制，而掺砂量影响较小。

3. 水泥砂浆固化土具有良好的水稳定性能，湿化试验发现，即使浸泡超过 28d，试样也不会发生较大的散落、崩解，且由于长期的饱水条件，试样质量反而小幅度增加。而冲刷试验同样证明水泥砂浆固化土具有良好的抗冲刷能力。

4. 水泥砂浆固化土之所以具有良好的水稳定性、抗冲刷能力以及防渗抗漏能力，主要与水泥的水化作用相关。随着龄期以及水泥掺入比的增加，胶结物的充填作用与胶结作用，使得土颗粒、砂颗粒逐渐形成一个整体，即使存在孔隙，也因为胶结物的胶结作用使得孔隙联通性较差。因此，从几个基本物理性质上来看，采用水泥砂浆固化软土形成的加固区可同时满足自重、渗透性、水稳定性几个方面的要求。

第4章 水泥砂浆固化土变形特性的试验研究

水泥砂浆固化土的变形特性是其工程性能的重要组成之一，分析水泥砂浆固化土的变形特性，掌握固化土的材料性质，不但可以为实际工程应用提供可靠的设计参数，同时也为计算工后沉降和稳定性奠定基础。本章主要从应力应变特性、压缩变形特性等方面分析水泥砂浆固化土的变形特性。

4.1 单轴应力应变曲线的变化特性

水泥砂浆固化土的应力应变关系，是描述在荷载作用下变形与强度特性的基础，也是评价地基变形与稳定性的前提条件。作为一种软弱地基处理方法，通过试验确定其应力应变关系，可以为实际工程的设计及施工提供相应的计算参数。

通过对不同配比下(水泥掺入比、掺砂量等)水泥砂浆固化土的无侧限抗压强度试验，得到了一系列单轴压缩应力应变曲线。典型的单轴压缩应力应变曲线形态见图4-1所示。需要说明的是，对于无侧限抗压强度试验，每个试验项目(即每个配比)均制样5个，进行平行试验，以提高试验数据的可靠性。

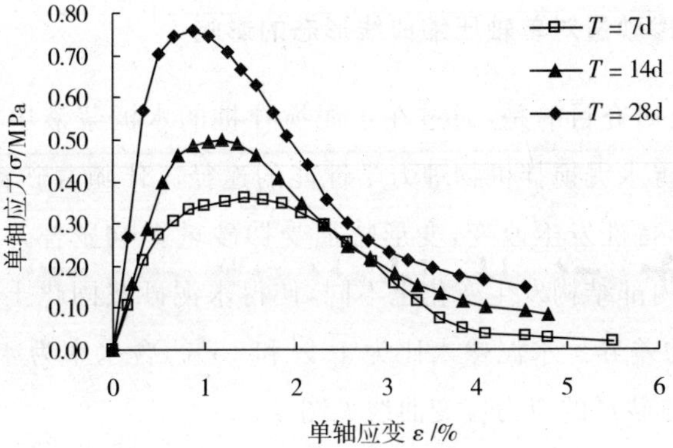

图4-1　水泥砂浆固化土典型单轴压缩应力应变曲线

由图4-1可以看出，水泥砂浆固化土属弹塑性材料，其单轴压缩应力应变曲线与水泥土以及岩石相似，存在明显的峰值应力，属加工软化类型材料。全应力应变曲线可分为压密、弹性变形、塑性变形和应变软化四个阶段。第一阶段为压密阶段，初始加载时，由于试样初始结构中存在或多或少的微小缺陷，试样受力后结构内部的微小缺陷逐渐闭合，使得试样密度和单轴抗压弹性模量逐渐增大，造成应力应变初始曲线初始阶段呈上凹形状；第二阶段为直线段，小幅加载后试样被压密，随着应变、应力不断增大，在未达到屈服应力之前，应力应变关系呈近似线性关系，试样处于弹性变形状态，试样表面出现皱纹，但无明显的裂缝出现，原有裂缝被压密，如在该阶段卸载，变形可以完全恢复；第三阶段为塑性屈服阶段，随着荷载的增加，超过屈服应力后，试样开始出现裂缝并不断发展，体积由收缩开始膨胀，此时应变的增长速度大于应力的增长速度，应力应变关系明显地转为曲线，应力增大到峰值，如在该阶段卸载，变形不能完全恢复，即已经产生塑性变形；第四阶段是破坏后的软化阶段，随着应变进一步增大，应力迅速下降，曲线的斜率变成负值，但应力降低至残余强度时，即使应变继续增大，曲线斜率也基本不变。

在本文试验的各配合比范围内，固化土破坏应变大致在0.5%～1.5%之间，单轴抗压强度的变化范围在60kPa～1000kPa之间。由于水泥砂浆固化土是多种材料的混合体，其形态受龄期、水泥掺入比、掺砂量以及软土性质如含水率等因素的影响。

4.1.1 掺砂量对单轴压缩曲线形态的影响

本章主要研究目的是，通过在水泥搅拌桩的水泥浆液中掺入不同量的砂料，探索改善水泥搅拌桩物理力学性能的途径。伴随着砂料的掺入，水泥固化土的变形特性发生改变，变形特征受掺砂量影响显著。由于砂料掺量不同，固化土内部结构发生变化也不同，使得水泥砂浆固化土应力应变特性表现出一定的差异。水泥掺入比为10%和15%，含水率为47.5%，龄期为28d时，不同掺砂量的应力应变曲线见图4-2。

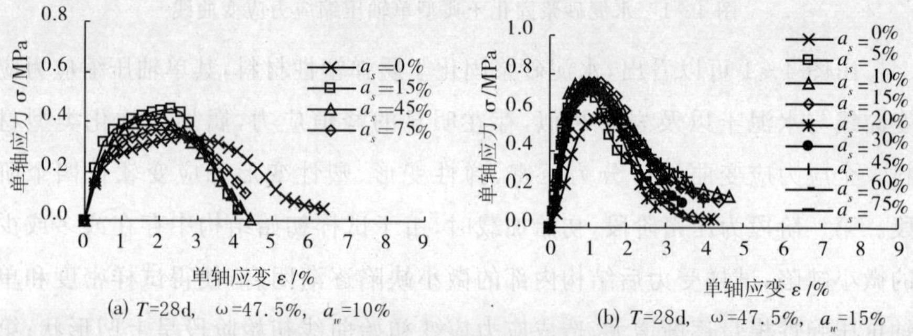

图4-2 不同掺砂量的单轴压缩应力应变曲线

由图4-2可见，不管水泥掺入比如何，单轴压缩应力应变曲线始终为应变软化型曲线。水泥掺入比较低时（a_w=10%），掺砂量对应力应变曲线形态影响较为明显，随着砂的掺入，固化土的应力应变特性均获得一定程度的改善，强度提高，弹性模量增大，塑性变形减小，破坏应变变小。但是，改善的程度并非随着掺砂量的增加而正比增加，而是存在一个较优的掺砂量，在该掺砂量下，固化土强度最高，弹性模量最大，塑性变形最小，破坏应变最小。由试验可知，在a_w=10%时，较优的掺砂量为15%左右。当水泥掺入比较高时（如a_w=15%），随着掺砂量的增加，固化土的应力应变特性同样获得一定程度的改善，强度提高，弹性模量增大，塑性变形减小，破坏应变变小，但是，改善幅度较水泥掺入比较低时要小。同样，在15%的水泥掺入比下，也存在一个较优的掺砂量，约为10%左右。当掺砂量超过15%后，则改善幅度不大。为便于下文的描述，定义某一水泥掺入比下存在一个最佳掺砂量，在该掺砂量下，水泥砂浆固化土的物理力学性质最好。

由上可以证明，砂料对固化土的单轴压缩应力应变特性具有明显的改变作用，但并非呈正比关系，而是存在一个最优掺砂量，在该掺砂量下，固化土物理力学性质最好。此外，水泥掺入比低，胶结作用较弱，塑性变形较大，随着掺砂量的增加，应力应变曲线形态变化较大；水泥掺入比高，胶结作用较强，塑性变形较小，随着掺砂量的增加，应力应变曲线形态变化较小。

4.1.2　水泥掺入比对单轴压缩曲线的影响

水泥掺入比不同，水泥砂浆固化土中的水泥水化物结晶程度不同，定性分析水泥砂浆固化土的应力应变特性随水泥掺入比增加而发生变化。图 4-3为含水率 47.5%，掺砂量为 15%，不同水泥掺入比、不同龄期的单轴压缩应力应变曲线。

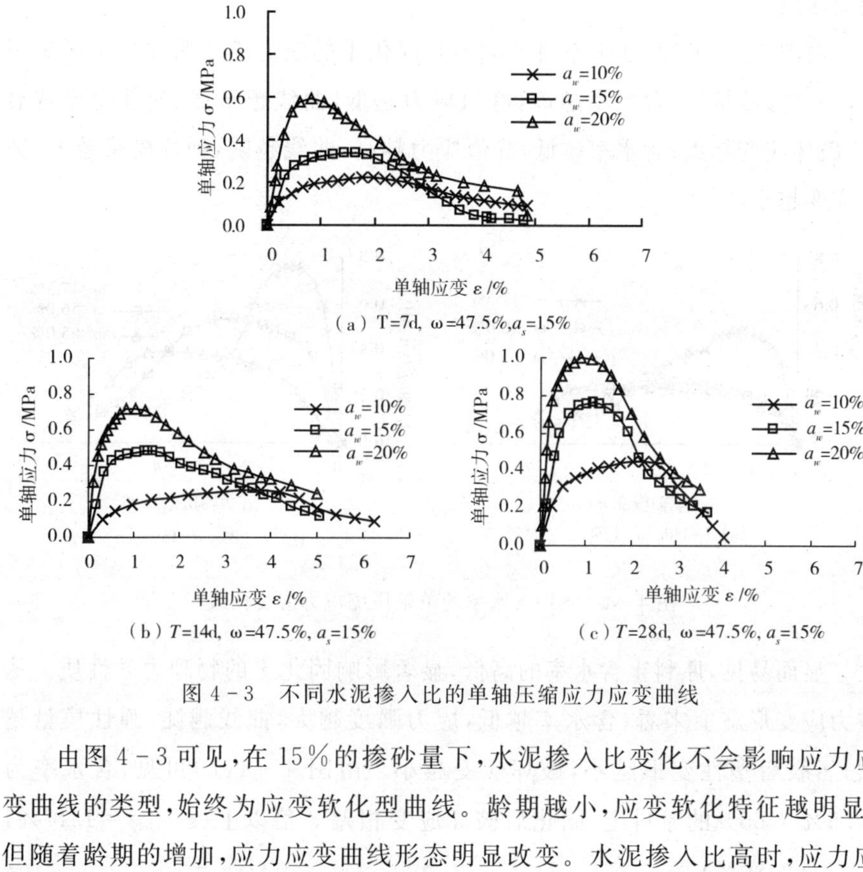

（a）T=7d, ω=47.5%, a_s=15%

（b）T=14d, ω=47.5%, a_s=15%

（c）T=28d, ω=47.5%, a_s=15%

图 4-3　不同水泥掺入比的单轴压缩应力应变曲线

由图 4-3 可见，在 15% 的掺砂量下，水泥掺入比变化不会影响应力应变曲线的类型，始终为应变软化型曲线。龄期越小，应变软化特征越明显。但随着龄期的增加，应力应变曲线形态明显改变。水泥掺入比高时，应力应变曲线陡，初始弹性模量较大，强度较高，破坏应变小，约1%左右，脆性破坏明显；水泥掺入比低时，曲线变缓，破坏应变变大，约2%左右，塑性变形明显。可见，水泥掺入比变高，破坏由塑性向脆性转变，破坏应变由大变小。对于其他掺砂量时不同水泥掺入比下的单轴压缩应力应变曲线，同样具有上述变化特征。

4.1.3 含水率对单轴压缩曲线的影响

水是土的三相物质中最活跃也是较不确定的因素，含水率的变化，影响到整个土体的稠度状态、饱和程度以及结构组成等一系列物理力学性质，因此，含水率是研究土体物理力学性质必须考虑的一项指标。图4-4为水泥掺入比为15%、掺砂量为15%、龄期分别为14d和28d，不同含水率的应力应变曲线。

由图4-4可知，含水率对水泥砂浆固化土的应力应变曲线形态影响明显，一定掺砂量下，含水率越高，峰值应力越低，曲线越平缓，塑性变形越显著，破坏应变越大；含水率越低，峰值应力越高，曲线越陡，弹性模量越大，破坏应变越小。

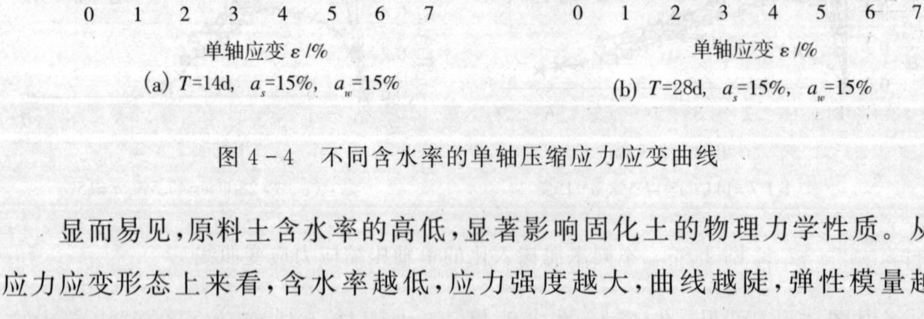

图4-4 不同含水率的单轴压缩应力应变曲线

显而易见，原料土含水率的高低，显著影响固化土的物理力学性质。从应力应变形态上来看，含水率越低，应力强度越大，曲线越陡，弹性模量越大，屈服后塑性变形越小，破坏应变越小。由图4-4(b)可见，含水率为47.5%与65%的原料土，固化后破坏应变相差3倍以上（$\varepsilon_{f47.5\%}$=1.17%，$\varepsilon_{f65\%}$=3.85%）。

4.1.4　龄期对单轴压缩曲线的影响

在采用水泥作为固化剂的软土地基加固技术中，龄期是影响固化土变形特性的一个重要的因素，这是由水泥固化的机理决定的。随着龄期的增加，生成的水泥水化物不断增加，应力应变曲线的形态也在不断变化。图 4 - 5 为掺砂量为 15% 和 45%、水泥掺入分别为 10% 和 15%、不同龄期下水泥砂浆固化土的应力应变曲线。

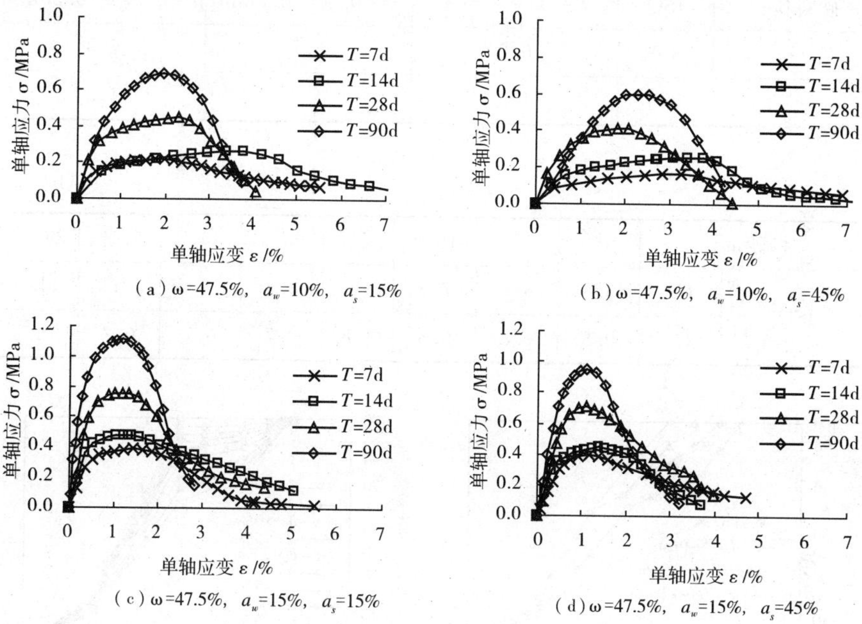

图 4 - 5　不同龄期的单轴压缩应力应变曲线

由图 4 - 5 可知，即使采用不同的水泥掺入比与掺砂量，龄期对水泥砂浆固化土的应力应变特性影响是一致的。即随着龄期的延长，弹性阶段变陡，弹性模量增大，峰值应力增加，峰态由平缓逐渐变为尖峰状，固化土的材料特性由塑性逐渐向脆性过渡，破坏应变逐渐减小。此外，在相同的水泥掺入比下，随着掺砂量的增加，各龄期下固化土的应力应变曲线形态变陡。

4.1.5 砂料粒径对单轴压缩曲线的影响

由图 3-1 和表 3-2 可知，原料土粒径均小于 0.075mm，砂料粒径为 0.08～2mm，因此，砂料的掺入将改变固化土的粒组分布，从而影响固化土的结构特征与工程性质。

表 4-1 不同掺砂量固化土的 C_u、C_c 值

(a)

砂料粒径	ISO	d=0.5～1mm	d=0.25～0.5mm	d=0.075～0.25mm
C_u	8.1	6.2	6.8	6.8
C_c	0.8	1.9	1.3	1.3

(b)

掺砂量		0%	5%	10%	15%	20%	30%	45%	60%
ISO	C_u	6.8	6.9	7.2	8.1	8.8	10.5	10.9	11.9
	C_c	0.8	0.8	0.8	0.8	0.7	0.7	0.7	0.7

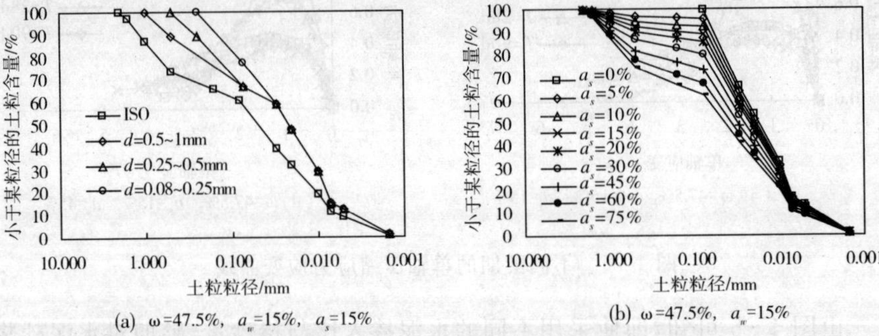

(a) ω=47.5%, a_w=15%, a_s=15%　　(b) ω=47.5%, a_w=15%

图 4-6 掺料粒径不同时水泥砂浆固化土的粒径组成

图 4-6(a)为掺砂量为 15%、水泥掺入比为 15%、掺料粒径不同时固化土的颗粒分析结果。表 4-1(a)为掺砂量为 15%、水泥掺入比为 15%下固化土的不均匀系数和级配系数。可见，当掺砂量一样但是砂料粒径不同时，主要表现出单一粒径与 ISO 砂之间的差异；当掺入单一粒径砂料时，固化土颗粒级配较为均匀。

图 4-6(b)为水泥掺入比为 15%、采用 ISO 标准砂、当不同掺砂量时固化土颗粒分析结果。可见，随着掺砂量的增加，固化土粒径级配变化幅度较大，不均匀系数正比增加，而级配系数基本保持不变，如表 4-1(b)所示。总体而言，随着 ISO 砂掺砂量的增加，固化土粒径组成越来越不均匀。因此，砂料在固化土中主要通过骨架作用和置换作用(大模量置换小模量物质)改善水泥土的物理力学性质。

图 4-7 为水泥掺入比为 15%、掺砂量为 15%、砂料粒径组成不同的固化土的单轴压缩应力应变曲线。由图可知，砂料粒径一定程度上影响固化土的应力应变曲线形态，随着掺料粒径的变大，弹性阶段曲线变陡，弹性模量增大，破坏应变变小，峰态由平缓逐渐变为尖峰状，但是，上述变化幅度均较小；而 ISO 标准砂的曲线形态，更加接近于砂料粒径较大的固化土。

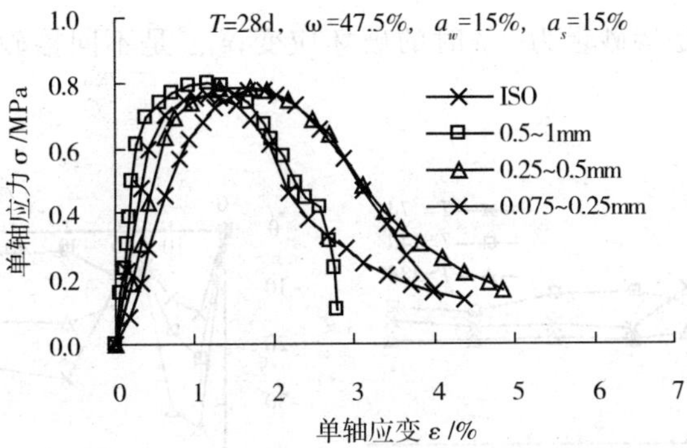

图 4-7 不同粒径组成的单轴压缩应力应变曲线

不论是掺砂量、水泥掺入比、砂料粒径、含水率还是龄期的变化，均对水泥砂浆固化土的单轴压缩应力应变特性存在不同程度的影响，所以在具体工程应用中，应依据不同的配比和龄期来确定单轴压缩应力应变特性中的计算参数。

4.2 无侧限抗压强度试验中的破坏应变

破坏应变也是衡量土工材料变形的重要指标之一，是衡量材料脆性或韧性的重要指标，在工程中具有十分重要的意义。破坏应变大，表明材料的塑性变形明显；破坏应变小，则材料的脆性变形明显。通过对水泥砂浆固化土单轴压缩应力应变特性的分析，得到了不同配合比下固化土的破坏应变变化规律。通过试验发现，固化土的破坏应变同样受掺砂量、水泥掺入比、含水率、密度和龄期等影响。

4.2.1 掺砂量的影响

砂料作为固化土的主要组成材料，对破坏应变的影响不容忽视。试验证明，一定水泥掺入比下，水泥砂浆固化土的破坏应变与掺砂量有明显关系。为描述掺砂量对固化土破坏应变的影响，定义掺砂量对水泥砂浆固化土应变的影响率为 $\Delta\varepsilon_f$：

$$\Delta\varepsilon_f=\frac{(\varepsilon_{f,a_s}-\varepsilon_{f,0})}{\varepsilon_{f,0}}\times 100\% \tag{4-1}$$

式中，$\varepsilon_{f,0}$ 是掺砂量为 0% 时的破坏应变；ε_{f,a_s} 是不同掺砂量下固化土的破坏应变。

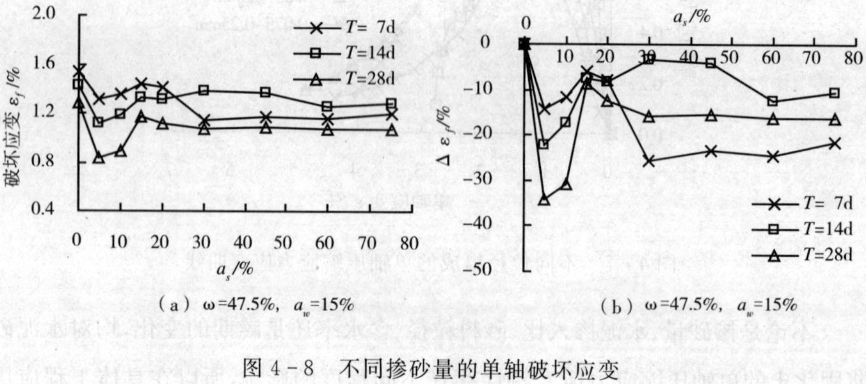

(a) ω=47.5%, a_w=15%　　(b) ω=47.5%, a_w=15%

图 4-8　不同掺砂量的单轴破坏应变

图 4-8 描述的是含水率为 47.5%，水泥掺入比为 15%，龄期为 7d、17d、28d 时的破坏应变与掺砂量的关系。随着砂料的掺入，固化土内部结构发生变化，由于大模量物质的置换作用，优化了颗粒级配，提高了固化土的密度，再加上水泥的固化作用提高了固化土的脆性，使得破坏应变减小。但是，破坏应变的减小并非与掺砂量呈正比关系，当超过一定掺砂量后（最优掺砂量），固化土破坏应变将基本不变。

总体而言，砂料的掺入，使得固化土破坏应变获得不同程度的降低，7d

龄期时破坏应变较水泥土约小 25%；14d 龄期时间约小 8%；28d 龄期时约小 15%。当掺砂量为最优掺砂量时，破坏应变最小。由零增至最优掺砂量时，破坏应变不断减小；超过最优掺砂量后，破坏应变不断增加；当掺砂量大于 20%时，破坏应变随着掺砂量的增加，基本保持不变。含水率为 47.5%、水泥掺入比为 15%时，固化土的最优掺砂量约为 10%，由图 4-8(b)可知，5%～10%的掺砂量下固化土破坏应变较水泥土约小 30%。可见在最优掺砂量下，固化土内部结构最完美，整体性最好，更具有脆性材料的破坏特征；当低于或者高于最优掺砂量时，试样内部结构稍差，整体性稍降，但是破坏应变仍较水泥土小约 15%，固化土同样具有脆性材料的破坏特征。

4.2.2　水泥掺入比的影响

图 4-9 为含水率为 47.5%、掺砂量为 15%、不同龄期时单轴压缩破坏应变与水泥掺入比的关系。由图可见，不同龄期下，随着水泥掺入比的增大，破坏应变不断减小。水泥掺入比越高，破坏应变越小，试样破坏越呈脆性破坏特征；水泥掺入比越低，破坏应变越大，当水泥掺入比较小时，上述趋势更为明显。长坂勇二等[113]在分析水泥土试验数据时同样发现上述变化特征，即随着水泥含量的增加，破坏应变不断减小，破坏形式逐渐转化为脆性破坏。因此，水泥砂浆固化土的破坏应变与水泥掺入比的关系，与水泥土是一致的。

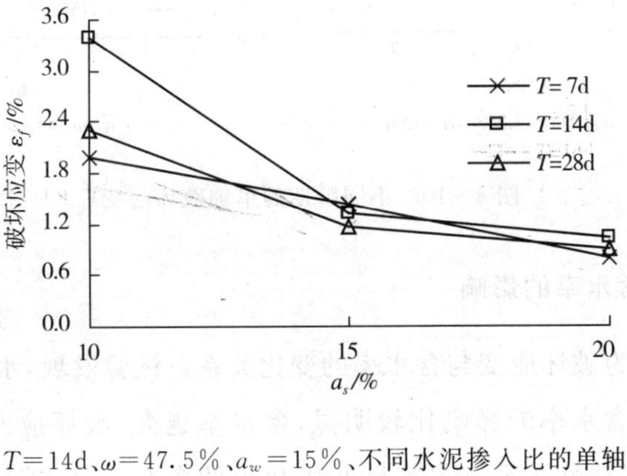

图 4-9　$T=14d$、$\omega=47.5\%$、$a_w=15\%$、不同水泥掺入比的单轴破坏应变

4.2.3 龄期的影响

随着养护时间的延长，水泥砂浆固化土的内部结构发生变化，由于水泥水化反应的持续进行，水泥水化含量逐渐增大，在固化土内的胶结充填作用持续逐渐增强。从图 4－10 可以看出，龄期与破坏应变具有明显的关系，随着掺砂量的增加，表现出两种变化特征。当掺砂量小于 20％时，随着龄期的延长，破坏应变逐渐减小；当掺砂量约 10％时（最优掺砂量）最为显著，固化土逐渐呈现脆性破坏；当掺砂量大于 20％时，随着龄期的延长，破坏应变先增大后变小。造成这种现象的原因是，当龄期较小时，水泥水化反应产生的水化物较少，胶结充填作用较弱；当龄期较大时，水泥水化反应较为充分，胶结充填作用较强，具有脆性破坏特征；当龄期处于二者之间时，水泥水化反应不充分，胶结充填作用处于二者之间，固化土中大部分土颗粒与土颗粒、土颗粒与砂颗粒以及砂颗粒之间基本产生胶结，尤其是土颗粒与土颗粒之间，当试样受压发生屈服后，固化土呈塑性破坏，但破坏面上砂颗粒的摩擦作用，导致固化土在发生塑性破坏时，同时在破坏面上砂颗粒产生摩擦位移，因此产生了较大的破坏应变（塑性变形与砂颗粒摩擦位移之和）。

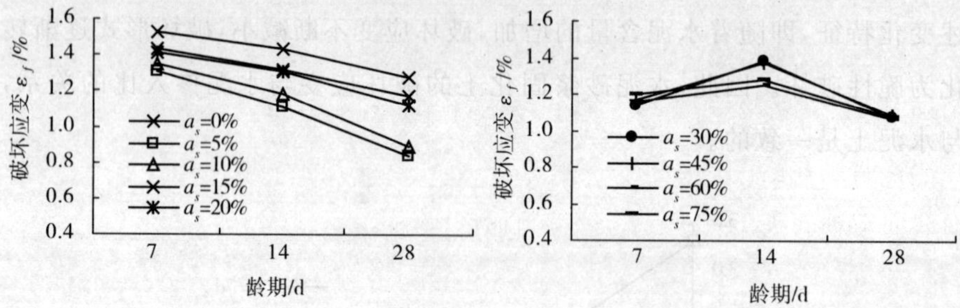

(a) ω=47.5%, a_w=15%　　(b) ω=47.5%, a_w=15%

图 4－10　不同龄期的单轴破坏应变

4.2.4 含水率的影响

图 4－11 为破坏应变与含水率的变化关系。试验发现，水泥砂浆固化土的破坏应变受含水率的影响比较明显，含水率越大，破坏应变越大，由图可知，二者基本呈线性关系。水泥砂浆固化土的含水率高，破坏应变大，表现出较好的延性；反之，含水率低，破坏应变小，延性差，趋于脆性破坏。

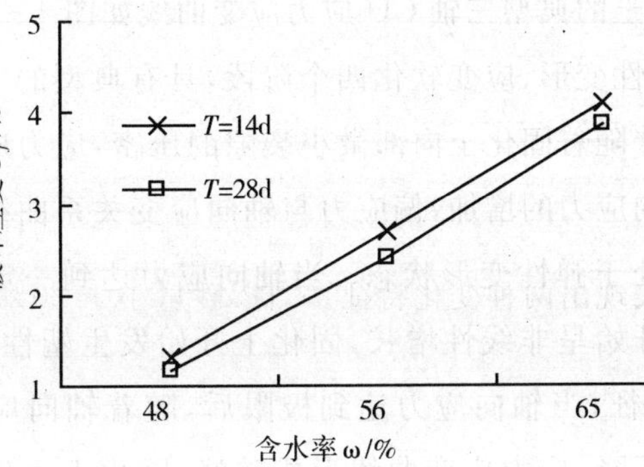

图 4 - 11　$a_s=15\%$，$a_w=15\%$不同含水率的单轴破坏应变

4.3　三轴应力应变曲线的变化特性

为进一步研究水泥砂浆固化土的物理力学特性，对不同配比的固化土进行了常规三轴 CU 试验。三轴 CU 试验发现，水泥砂浆固化土呈超固结土特性，应力应变曲线没有明显的拐点，形态上表现为明显的驼峰曲线，具有典型的应变软化特征。试验过程中，随着试样的应变软化，固化土孔隙水压力变为负值，发生了明显的剪胀现象。但是，随着围压 σ_3 的升高，水泥砂浆固化土的应变软化现象以及剪胀现象均逐渐减弱。剪切破坏后，固化土塑性滑移明显，随着围压的增加，滑移面逐渐呈较为平整的曲面。此外，滑移面法面与轴向夹角 θ 随着 σ_3 的增加而减小。

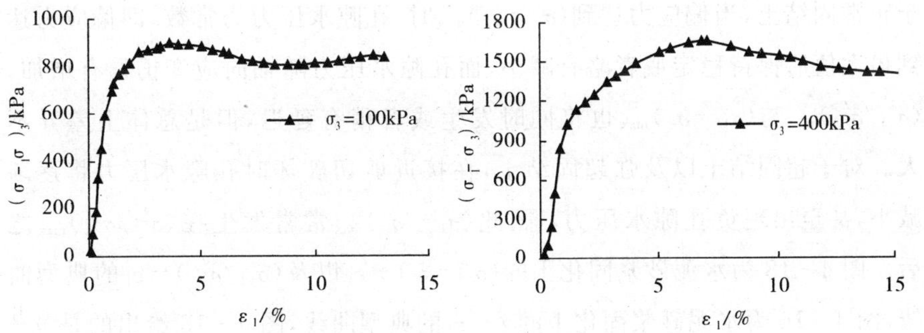

(a) T=28d，ω=47.5%，a_w=20%，a_s=15%　(b) T=60d，ω=47.5%，a_w=15%，a_s=30%

图 4 - 12　固化土的三轴 CU 应力应变曲线

水泥砂浆固化土的典型三轴CU应力应变曲线如图4-12所示，可分为压密、弹性变形、塑性变形、应变软化四个阶段，具有典型的非线性特征。当加载刚刚开始时，伴随着固化土内部微小裂隙的压密，应力应变曲线表现出上弯特征；随着轴向应力的增加，偏应力与轴向应变关系曲线呈线性增长关系，该阶段固化土处于弹性变形状态。当轴向应力达到一定值(屈服应力)后，应力应变关系开始呈非线性增长，固化土开始发生塑性变形，表现出明显的非线性变形特征；当轴向应力达到极限后，随着轴向应变的进一步增大，轴向应力开始下降，应力应变曲线形成驼峰，固化土表现出典型的应变软化特征。

4.3.1 应变软化特性

从水泥砂浆固化土的应力应变曲线形态上来看，随着试验的进行，应力逐渐增大，当轴向应力超过最大偏应力$(\sigma_1-\sigma_3)_{max}$后，随着应变增加，应力逐渐缓慢降低，具有典型应变软化材料的应力应变曲线特征。研究表明，水泥砂浆固化土与水泥土具有一致的应力应变曲线，类似于超固结土。

根据钱家欢等编写的《土工原理与计算》，偏应力与有效主应力比之间存在如下关系：

$$\sigma_1-\sigma_3=(\sigma_3-u)\left(\frac{\sigma'_1}{\sigma'_3}-1\right) \tag{4-2}$$

由式(4-2)可知，在三轴CU试验中，$(\sigma'_1/\sigma'_3)_{max}$可以发生在$(\sigma_1-\sigma_3)_{max}$之前，也可以发生在$(\sigma_1-\sigma_3)_{max}$之后，这取决于孔隙水压力的大小。对于正常固结土，当偏应力达到$(\sigma_1-\sigma_3)_{max}$时，孔隙水压力为常数，即偏应力达到最大值后保持稳定或者略有减小，而孔隙水压力随轴向应变仍稍有增加，$(\sigma'_1/\sigma'_3)_{max}$与$(\sigma_1-\sigma_3)_{max}$也将同时发生或者稍有延迟，但是总体上差异不大。对于超固结土以及强超固结土，在接近剪切破坏时孔隙水压力将逐渐减小，甚至出现负孔隙水压力，因此$(\sigma_1-\sigma_3)_{max}$常常发生在$(\sigma'_1/\sigma'_3)_{max}$之后。图4-13为水泥砂浆固化土的$(\sigma_1-\sigma_3)-\varepsilon_1$以及$(\sigma'_1/\sigma'_3)-\varepsilon_1$的典型曲线，图4-14为水泥砂浆固化土的$u-\varepsilon_1$的典型曲线，图4-15给出的是$u-\varepsilon_1$以及$(\sigma'_1/\sigma'_3)-\varepsilon_1$的典型曲线。关于其他配比以及其他龄期固化土的各变化关系，均与图4-13、图4-14以及图4-15相似，不再一一给出。

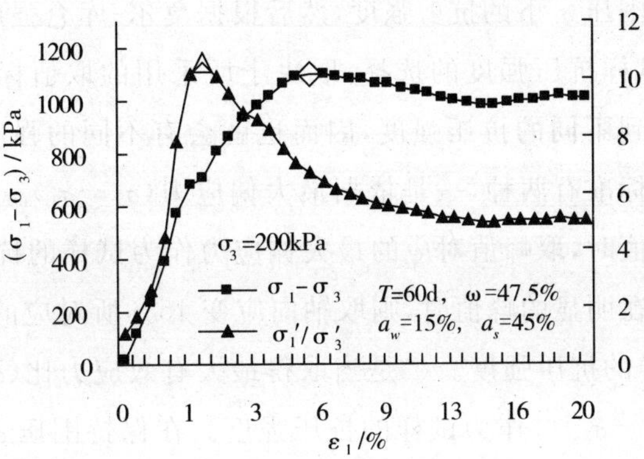

图 4-13　固化土的$(\sigma_1-\sigma_3)-\varepsilon_1$以及$(\sigma'_1/\sigma'_3)-\varepsilon_1$的典型变化关系

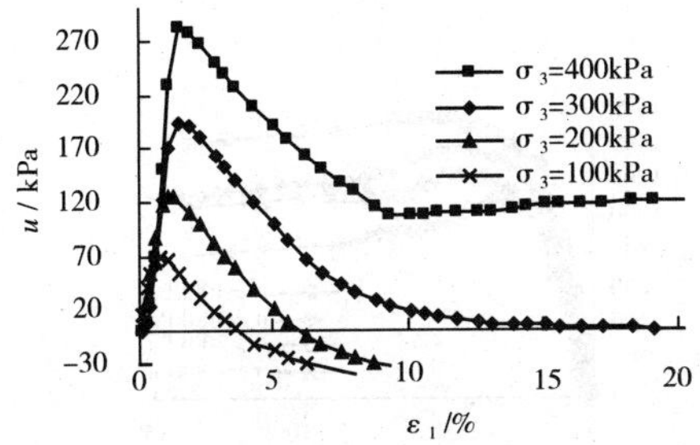

图 4-14　$T=60$d,$\omega=47.5\%$,$a_w=15\%$,$a_s=45\%$固化土的$u-\varepsilon_1$典型关系

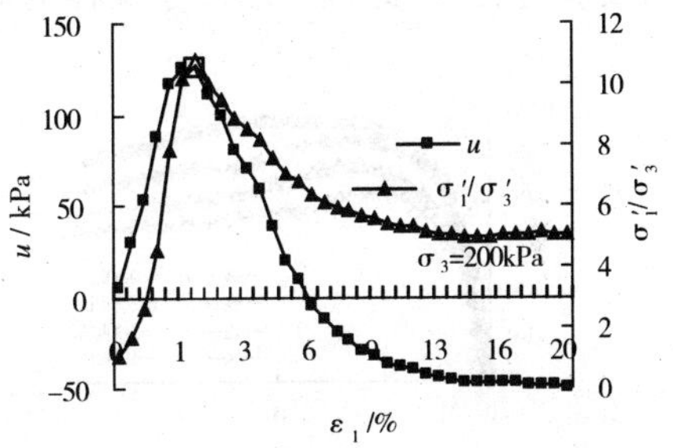

图 4-15　$T=60$d,$\omega=47.5\%$,$a_w=15\%$,$a_s=45\%$固化土的$u-\varepsilon_1$及$(\sigma'_1/\sigma'_3)-\varepsilon_1$典型关系

考察固化土的三轴CU应力应变曲线图4-12,应力应变曲线形态完全具有应变软化材料的特征;考察典型曲线图4-13,$(\sigma_1-\sigma_3)_{max}$明显发生在$(\sigma'_1/\sigma'_3)_{max}$之后,具有明显的强超固结土的特征;考察典型曲线图4-14及图4-15,在各级围压下,剪切初期孔隙水压力迅速增加,当达到$(\sigma'_1/\sigma'_3)_{max}$后(剪切破坏之前),随着应变的增加孔隙水压力逐渐减小,当围压较低时甚至出现负孔隙水压力,固化土表现出明显的剪胀特征。

综上所述,水泥砂浆固化土三轴CU压缩过程中,表现出典型的应变软化特性,随着剪切的不断进行,固化土发生剪胀。

4.3.2　破坏准则

破坏准则是判断土体在荷载作用下是否发生破坏的准则,是研究土工材料本构模型不可缺少的一部分。一般情况下,根据三轴压缩试验可直接测定试样在不同围压 σ_3 下的抗剪强度，然后根据莫尔-库仑强度理论确定强度参数，而对于试样抗压强度的选择，取决于所采用的取值标准，不同的取值标准常常将得到不同的抗压强度，因而也就会有不同的强度参数。目前广泛采用的取值标准有两种，一是依据最大偏应力$(\sigma_1-\sigma_3)_{max}$标准，当应力应变曲线存在峰值时，取峰值对应的最大偏应力作为试样的抗压强度；当应力应变曲线不存在明显的峰值时，则取轴向应变15%所对应的偏应力$(\sigma_1-\sigma_3)_{\varepsilon=15\%}$作为试样的抗压强度。二是当取得最大有效应力比$(\sigma'_1/\sigma'_3)_{max}$时，对应的偏应力$(\sigma_1-\sigma_3)$可作为试样的抗压强度。在保持围压 σ_3 不变的三轴压缩试验中，上述两种取值标准求得的强度差异取决于试验中孔隙水压力的发展过程，因此也就取决于试样的剪切特性。

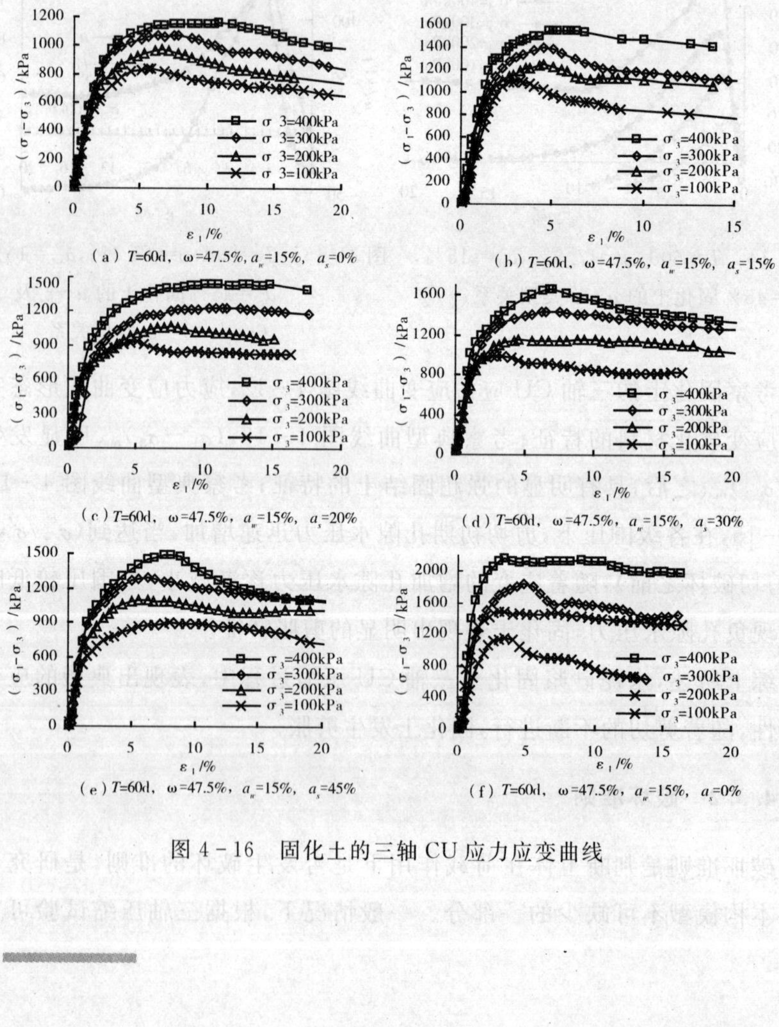

(a) T=60d, ω=47.5%, a_w=15%, a_s=0%
(b) T=60d, ω=47.5%, a_w=15%, a_s=15%
(c) T=60d, ω=47.5%, a_w=15%, a_s=20%
(d) T=60d, ω=47.5%, a_w=15%, a_s=30%
(e) T=60d, ω=47.5%, a_w=15%, a_s=45%
(f) T=60d, ω=47.5%, a_w=15%, a_s=0%

图 4-16 固化土的三轴 CU 应力应变曲线

原料土相同，水泥掺入比一致，掺砂量分别为 0%、10%、20%、30%、45%和 60%，60d 龄期的水泥砂浆固化土的三轴 CU 压缩曲线如图 4-16 所示。从各种固化土的应力应变曲线的形态来看，应力应变曲线绝大多数属驼峰型曲线，随着围压的增加，逐渐向硬化型转变。

由图 4-16 可知，水泥砂浆固化土的应力应变曲线为上凸形，存在最大偏应力$(\sigma_1-\sigma_3)_{max}$，此外，依据上节关于固化土应变特性的分析，水泥砂浆固化土具有明显的应变软化特征，因此以最大偏应力$(\sigma_1-\sigma_3)_{max}$作为水泥砂浆固化土的剪切强度取值标准。

由于水泥砂浆固化土的应力应变关系为软化型，根据前文的分析，峰值强度对应的偏应力即为固化土的破坏强度。Clough 等[114,115]研究发现，改良土的破坏基准符合摩尔-库伦强度理论，内摩擦角不发生变化，$p-q$ 线为直线关系，可用式(4-2)表达，并符合摩尔-库伦强度破坏准则，受原料土含水率、水泥掺入比、掺砂量、砂料粒径等因素的影响，表现为系数 m、α 上的差异。

$$q=mp+\alpha \tag{4-2}$$

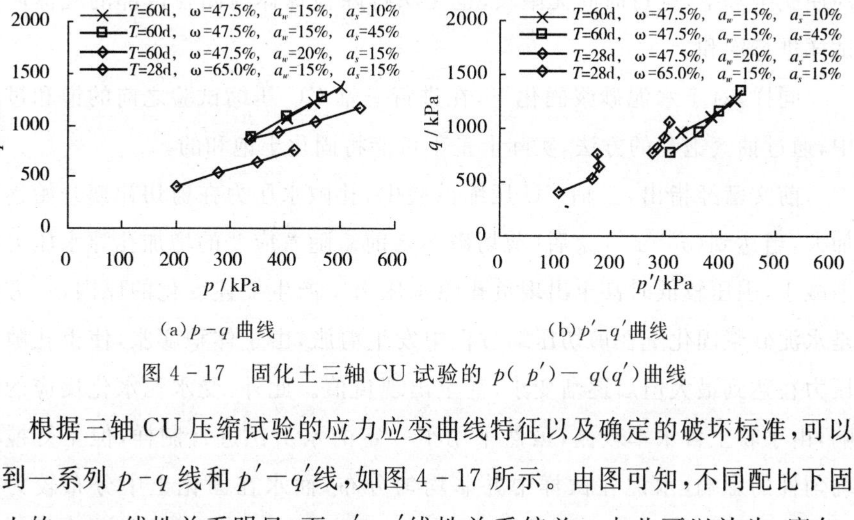

(a) $p-q$ 曲线　　(b) $p'-q'$ 曲线

图 4-17　固化土三轴 CU 试验的 $p(p')-q(q')$ 曲线

根据三轴 CU 压缩试验的应力应变曲线特征以及确定的破坏标准，可以得到一系列 $p-q$ 线和 $p'-q'$线，如图 4-17 所示。由图可知，不同配比下固化土的 $p-q$ 线性关系明显，而 $p'-q'$线性关系较差。由此可以认为，摩尔-库伦强度理论同样使用于水泥砂浆固化土，而有效应力原理用于水泥固化土则值得探讨。这是因为在本次所有的三轴 CU 压缩试验中，虽然对固化土进行了抽气饱和，但事实上固化土仍处于不饱和状态。小林晃研究结果认为[116]，水泥改良土的孔隙水压力系数达到 95%，即使渗透系数很小，有效应力原理照样可以使用，因此本文仍然假定有效应力原理也适用于水泥砂浆固化土，下面除进行总应力法分析外，也采用有效应力原理，同时进行有效应力法分析，为以后的研究奠定基础。

4.3.3 孔隙水压力特性

在进行三轴 CU 压缩试验之前，需要对试样进行抽气饱和，并置于水中浸泡一昼夜，虽然在试验开始的固结过程中，测得饱和度超过 90%，孔隙水压力系数 B 接近 1，但事实上固化土的饱和度远不能达到上述指标，这与水泥固化机理有关。相关研究证明，对于水泥系固化土，受水泥固化机理的控制，在充分搅拌压实后的固化土，由于水泥水化物的胶结作用和充填作用，固化土中大部分颗粒被胶结，而孔隙则被充填或封闭，使得水泥系固化土具有较低的渗透系数。当对水泥系固化土进行抽气饱和时，受水泥水化物的填充封闭影响，固化土内部微小孔隙内的气体基本上不可能被抽取排出。这犹如一个完全封闭的内部充满气体的球体，将球体置于抽气饱和装置中，即使完全真空，维持时间无限长，也无法排除被球体封闭在内部的气体而对试样进行饱和。

同样，对于水泥砂浆固化土，在进行三轴 CU 压缩试验之前的饱和过程中，通过抽气饱和的方法，实际上是不可能将固化土饱和的。

前文已经指出，三轴 CU 压缩试验中，孔隙水压力在剪切初期开始逐渐加大，当达到$(\sigma_1'/\sigma_3')_{max}$后（剪切破坏之前），随着应变的增加孔隙水压力逐渐减小，围压较低时甚至出现负孔隙水压力。产生上述变化的原因，一方面是水泥砂浆固化土在剪切压缩过程中发生剪胀，由于体积膨胀，使得孔隙水压力在达到最大值后逐渐变小，甚至出现负值。此外，受水泥水化反应的影响，由于软土含水率较高，虽然采用了一定的水灰比进行制样，但是受搅拌均匀性的影响，水泥在试样中并非均匀分布，而水在固化土中分布较为均匀，水泥含量较高的位置需要消耗较多的水，因此可能产生一定数量的微小孔隙。又由于周围均处于封闭状态，因此将产生一定的负压。此外，受制样条件以及制样技术的限制，试样体内或多或少的存在孔隙，水泥水化后期需要消耗一定的二氧化碳，从而在孔隙中产生一定的负压。受上述因素的影响，试样发生剪切破坏后，加剧了孔隙水压力的下降。当围压较高时，剪切破坏后，破坏面的颗粒被压碎并重新排列，在一定程度上缓解了上述因素造成孔隙水压力降低的影响。

4.3.4　掺砂量对应力应变曲线的影响

本文的主要目的是通过在水泥搅拌桩的水泥浆液中掺入不同量的砂料，探索改善水泥搅拌桩物理力学性能的途径。三轴 CU 压缩试验证明，伴随着砂料的掺入，水泥固化土的变形特性得到明显的改善，随着掺砂量的增加，水泥砂浆固化土三轴 CU 应力应变特性表现出一定的差异。水泥掺入比 15%，含水率为 47.5%，龄期 60d，各围压下不同掺砂量的三轴 CU 应力应变曲线见图 4－18。

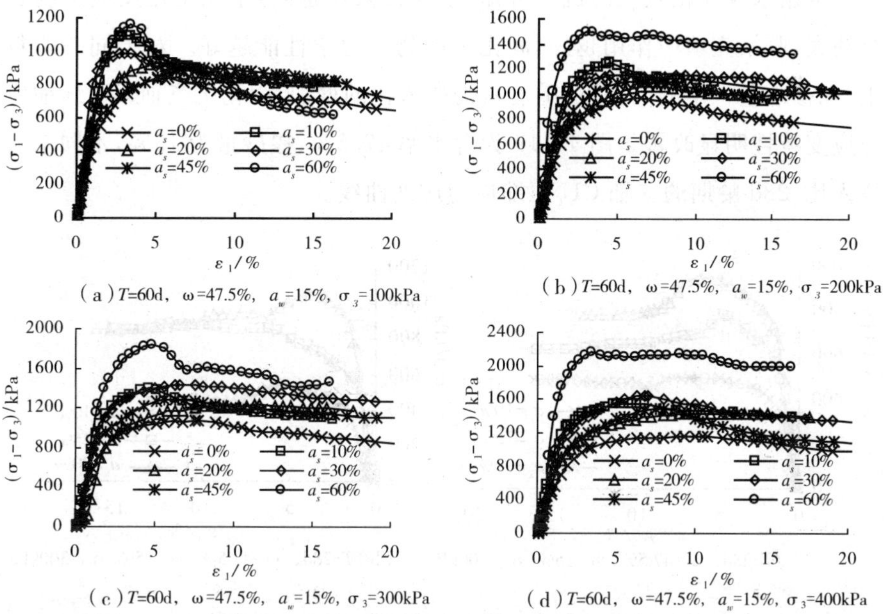

(a) T=60d, ω=47.5%, a_w=15%, σ_3=100kPa

(b) T=60d, ω=47.5%, a_w=15%, σ_3=200kPa

(c) T=60d, ω=47.5%, a_w=15%, σ_3=300kPa

(d) T=60d, ω=47.5%, a_w=15%, σ_3=400kPa

图 4－18　不同掺砂量的三轴 CU 应力应变曲线

由图 4－18 可见，砂料的掺入，明显改善了水泥土的强度与变形特性，总的来讲，对于同一原料土，在同一水泥掺入比下，水泥砂浆固化土较水泥土具有更为优越的力学性能，强度更高，弹性模量更大。但是，上述砂料掺入对水泥土力学性质改善的程度并非随掺砂量呈正比增加。与无侧限制抗压强度试验结论一致，三轴 CU 试验同样证明，一定的水泥掺入比下，存在一个较优的掺砂量，在该掺砂量下，固化土的力学性能最佳。图 4-18 中对于掺砂量不同的水泥砂浆固化土，掺砂量在 10%左右时，固化土应力应变曲线最陡，弹性模量最大，且强度也最高。

需要说明是，虽然各组试样的养护时间定为 60d，但是为了数据的一致性与可比性，采用了同一台常规三轴仪进行 CU 试验，即便在制样日期上进行了充分的考虑，然而部分试样的实际养护时间或多或少地延长了 1～3d，但掺砂量为 60%的试样，实际养护时间为 82d，因此其强度较其他各掺量要高。

4.3.5 水泥掺入比对应力应变曲线的影响

根据水泥固化软土的机理可知，水泥掺入比越高，水泥水化反应产物含量约大，胶结充填中作用越好，固化土的物理力学性能越好。对于同一原料土，在掺砂量一定的前提下，随着水泥掺入比的增加，固化土三轴 CU 压缩应力应变特性明显改善。图 4-19 为含水率 47.5%、掺砂量为 15%，不同水泥掺入比、28d 龄期的三轴 CU 压缩应力应变曲线。

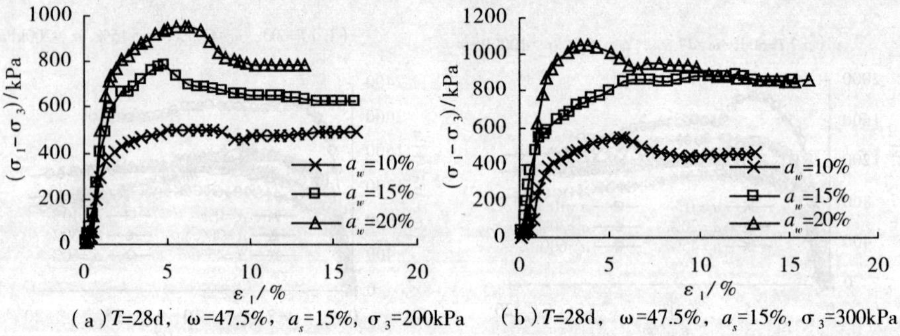

(a) T=28d，ω=47.5%，a_s=15%，σ_3=200kPa　　(b) T=28d，ω=47.5%，a_s=15%，σ_3=300kPa

图 4-19　不同水泥掺入比的三轴 CU 应力应变曲线

由图(4-20)可以发现，15%掺砂量下，提高水泥掺入比将有效改善水泥砂浆固化土的力学性能。随着水泥掺入比的增加，破坏前的三轴 CU 应力应变曲线显著变陡，弹性模量显著提高，强度显著提高。但是，水泥掺入比变化不会影响应力应变曲线的类型，始终为应变软化型曲线，破坏时发生剪涨，具体表现为孔隙水压力的降低，如图 4-20 所示。

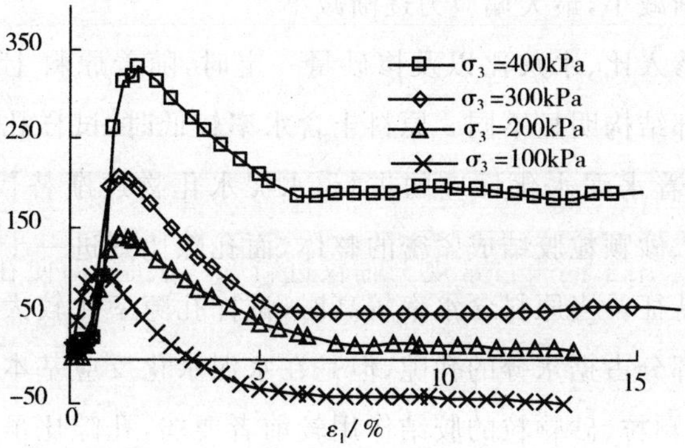

图 4-20　$T=28\text{d}$，$\omega=47.5\%$，$a_w=20\%$，$a_s=15\%$

固化土的 $u-\varepsilon_1$ 典型变化关系（$T=28\text{d}$）

4.3.6　含水率对应力应变曲线的影响

土的含水率是土的三相物质中最活跃也是最不确定的因素之一，含水率的变化，影响到整个土体的稠度状态、饱和程度以及结构组成等一系列物理力学性质，因此，含水率是研究土体物理力学性质所必须考虑的一项指标。事实上，原料土的含水率变化，同样对固化后的土体的物理力学性质有着显著的影响。原料土含水率变化的水泥砂浆固化土三轴 CU 应力应变曲线如图 4-21 所示。

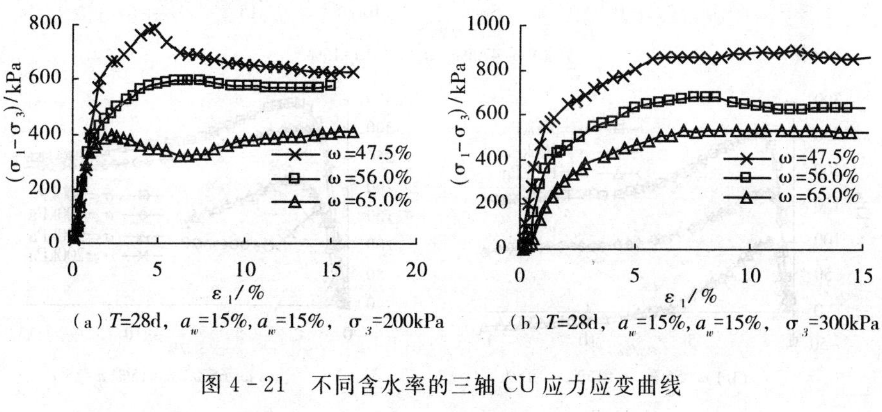

图 4-21　不同含水率的三轴 CU 应力应变曲线

由图 4-21 可以发现，含水率变化对水泥砂浆固化土三轴 CU 应力应变曲线影响较为明显。随着含水率的增加，破坏前的应力应变曲线逐渐变缓，弹性模量逐渐减小,最大偏应力逐渐减小。

当水泥掺入比、水灰比以及掺砂量一定时,随着原料土含水率的增加,固化土的内部结构明显不同。原料土含水率较低时,试样孔隙率比较小,密实度较大,随着水泥水化反应的进行,水泥水化物逐渐替代水分占据的孔隙,将土颗粒、砂颗粒胶结成紧密的整体,而孔隙比则进一步降低,试样更具有刚性材料特征。当原料含水率较高时,试样孔隙率比较大,虽然水泥水化物替代了一部分占据水分的孔隙,但是在水泥水化反应基本完成后,含水率仍然较高,土颗粒、砂颗粒的胶结作用较前者要弱,孔隙比虽然有所降低,但仍然较大,试样更具有塑性材料特征。由于上述原因,在进行三轴 CU 压缩试验时,随着含水率的增加,固化土表现出由强超固结体向(超)固结体过渡的特征,即应变软化现象逐渐减弱。但是,即使原料土含水率高达 65%,剪切破坏后固化土仍发生应变软化,具体表现为孔隙水压力在峰值后随着轴向应变的增加而逐渐降低,如图 4-22 所示。

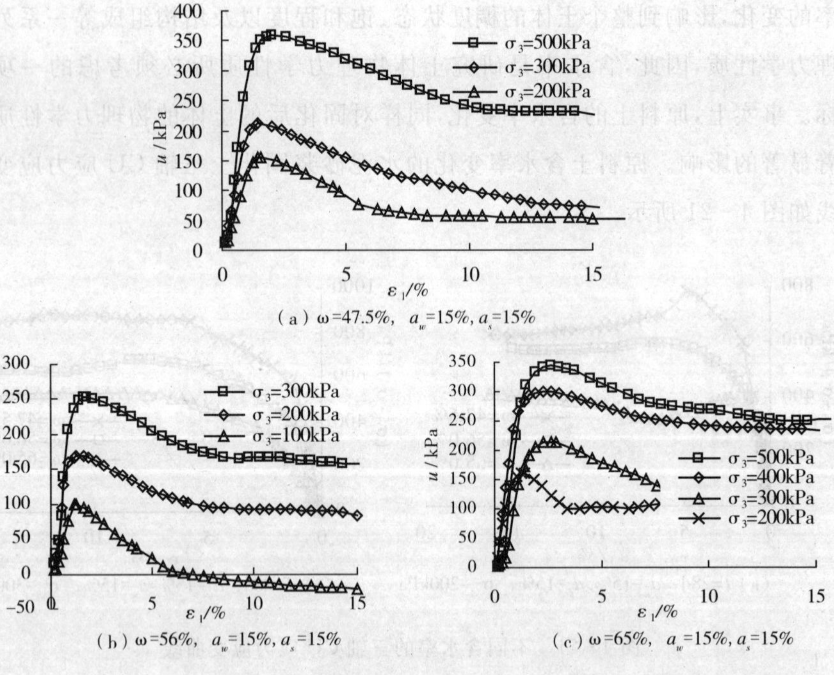

图 4-22 固化土的 $u-\varepsilon_1$ 典型变化关系($T=28$d)

由图4－22可知，随着含水率的增加，孔隙水压力在峰值之后下降的幅度逐渐降低。含水率为47.5%、56%、65%时，孔隙水压力在峰后分别下降约65%、40%、26%。上述孔隙水压力变化规律同时说明，随着含水率的增加，剪切过程中固化土内部产生的负孔压逐渐减小，固化土剪胀现象逐渐减弱。

实际工程中的软土地基，含水率一般在30%～50%之间，但在珠三角以及长三角地区，软土地基含水率最高可达80%。为进一步探索水泥砂浆固化高含水率软土的可行性，对含水率为56%、65%的软土采用15%的水泥掺入比、20%的掺砂量，再充分搅拌混合后制样，并养护28d，进行三轴CU试验，图4－23为上述试样与掺砂量为15%的对比图。

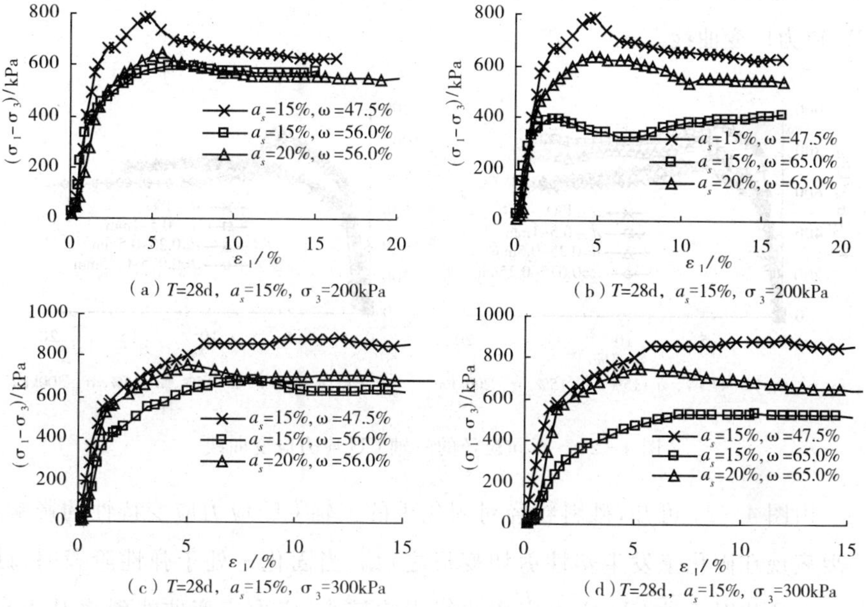

图4－23　不同含水率、不同掺砂量下固化土的应力应变关系

分析图4－23，高含水率下，小幅度提高掺砂量，可有效改善固化土的力学性质，并且随着围压的增加，这种趋势更为明显。对于图4－16的水泥砂浆固化土，掺砂率提高5%，固化土的强度与变形特性将大为改善。从三轴CU应力应变曲线形态来看，在达到破坏应变之前，固化土的应力应变曲线变陡，弹性模量变大，最大应力差变大，强度增加，应变软化现象以及剪胀现象越明显，这种变化趋势随着围压的增加而更为显著。由此推测，对于某一

特定的软土(原料土),但水泥掺入比以及水灰比一定时,同样存在一个最佳掺砂量,在该掺砂量下,固化土的物理力学特性较单纯的水泥土将大为改善。根据上述研究,原料土的含水率对最佳掺砂量影响显著,含水率越高,最佳掺砂量越大。关于原料土其他性质的影响,有待于进一步深入研究。

4.3.7 砂料粒径对应力应变曲线的影响

无侧限抗压强度试验发现,砂料粒径变化对固化土的应力应变曲线影响较小,为进一步研究砂料粒径的影响,依据无侧限抗压强度试验的配比,对 28d 固化土进行了三轴 CU 剪切试验,事实上,砂料粒径的变化,对固化土应力应变特性具有一定的影响。图 4-24 为掺砂粒径不同时固化土的三轴 CU 应力应变曲线。

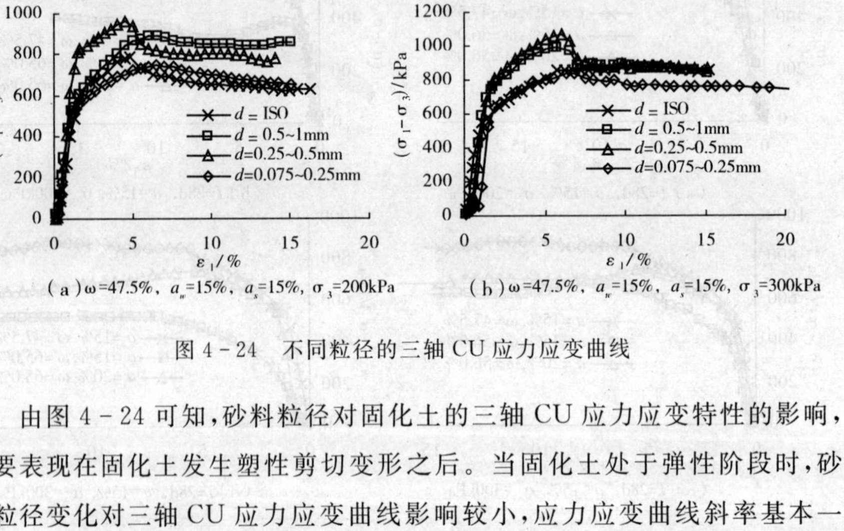

图 4-24 不同粒径的三轴 CU 应力应变曲线

由图 4-24 可知,砂料粒径对固化土的三轴 CU 应力应变特性的影响,主要表现在固化土发生塑性剪切变形之后。当固化土处于弹性阶段时,砂料粒径变化对三轴 CU 应力应变曲线影响较小,应力应变曲线斜率基本一致,弹性模量基本相等;当固化土发生塑性剪切变形后,随着掺料粒径的增大,应力应变曲线斜率稍有增加,但是幅度不大。总体而言,在本文特定的掺料配比下,砂料粒径变化对应力应变曲线形态影响较小。事实上,砂料粒径的变化对固化土应力应变特性的影响,主要表现在固化土的强度上,随着粒径的增加,固化土强度逐渐变大,采用 ISO 作为掺料的固化土,其强度介于 0.075～0.25mm 砂料与 0.25～0.5mm 之间,因此,在各配合比一定的情况下,适当提高掺料的粒径,可以提高水泥砂浆固化土的强度。

4.4 水泥砂浆固化土的变形模量

4.4.1 无侧限抗压强度试验中的变形模量与抗压强度的关系

变形模量是无侧限条件下应力增量及其在同一方向所产生的应变增量的比值，反映材料抵抗弹塑性变形的能力，可用于弹塑性问题的分析计算。混合材料常常呈非线性变形，变形模量不是一个确定的数，因此常常使用变形系数 E_{50} 作为表征材料变形特性的一个参数，变形系数定义为：

$$E_{50}=\frac{\sigma_{1/2}}{1/2\varepsilon_f} \tag{4-3}$$

式中，$\sigma_{1/2}$ 为一半破坏应变所对应的应力；E_{50} 可视为此时的割线模量。变形系数由无侧限抗压强度试验得出，它与无侧限抗压强度一样，受掺砂量、水泥掺入比、密度和龄期等的影响。

水泥掺入比不变，随着掺砂量的增加，水泥砂浆固化土的变形系数变化趋势如图 4-25(a)、(b)所示。随着掺砂量的增加，变形系数均获得一定程度的提高。为描述掺砂量对固化土变形系数 E_{50} 的影响，定义掺砂量对水泥砂浆固化土变形系数的影响率为 ΔE_{50} 为：

$$\Delta E_{50}=\frac{(E_{50,a_s}-E_{50,0})}{E_{50,0}}\times 100\% \tag{4-4}$$

式中，$E_{50,0}$ 是掺砂量为 0%时的变形系数；E_{50,a_s} 是不同掺砂量下的变形系数。

可见，砂料的掺入，将有效提高固化土的变形系数 E_{50}。总体而言，水泥砂浆固土的变形系数较水泥土大 40%，且增幅随着龄期的延长而不断变大，7d 龄期时，固化土变形系数较水泥土平均高约 45%；14d 龄期时高约 48%；28d 龄期时高约 73%。当掺砂量接近最优掺砂量时，固化土变形系数增幅最大，28d 龄时 10%掺砂量下固化土的变形系数较水泥土高约 121%；当掺砂量低于最优掺砂量时，各龄期下固化土变形系数显著增大；当掺砂量超过最优掺砂量后，变形系数则有所降低；当掺砂量超过 20%后，变形系数基本保持不变。上述变化进一步证明，砂料的掺入改善了水泥土的物理力学性能，但是改善的程度并非随着掺砂量呈正比增加，而是存在一个最佳掺砂量。在该掺砂量下，固化土变形系数最大。

当掺砂量不变，随着水泥掺入比的增加，水泥砂浆固化土的变形系数变化趋势如图 4－25(c)所示。由图可见，随着水泥掺入比的增加，变形系数不断变大，二者近似呈线性关系，$T=14\text{d}$ 时，$E_{50}=82.815a_w-43.873$，$R^2=0.99$；$T=28\text{d}$ 时，$E_{50}=55.742\,a_w-41.305$，$R^2=0.99$。

当掺砂量与水泥掺入比一定而粒径变化时，水泥砂浆固化土的变形系数变化趋势如图 4－25(d)所示。由图可见，随着砂料粒径的增加，固化土的变形系数 E_{50} 呈线性增加，当采用 ISO 砂料时的固化土变形系数 E_{50} 为采用 0.5～1mm 单一粒径的 91％，因此，在实际工程中，无需对砂料进行分级而可直接运用。

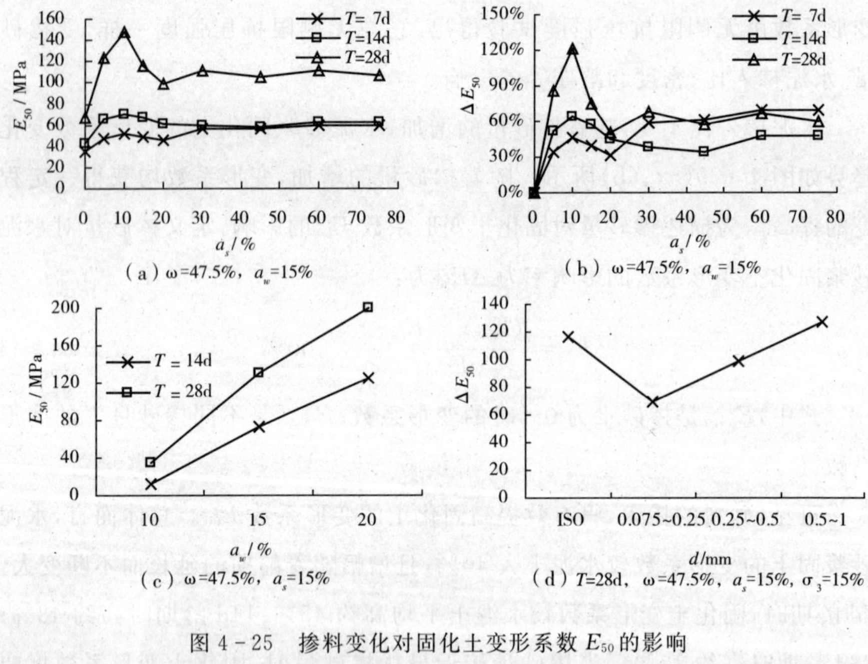

(a) ω=47.5%，a_w=15%

(b) ω=47.5%，a_w=15%

(c) ω=47.5%，a_s=15%

(d) T=28d，ω=47.5%，a_s=15%，σ_3=15%

图 4－25　掺料变化对固化土变形系数 E_{50} 的影响

通过对不同掺砂量下水泥砂浆固化土的变形系数 E_{50} 和无侧限抗压强度 q_u 进行拟合，得到含水率为 47.5％、水泥掺入比为 15％、所有掺砂量下固化土的变形系数与无侧限抗压强度的关系，如图 4－26 所示。

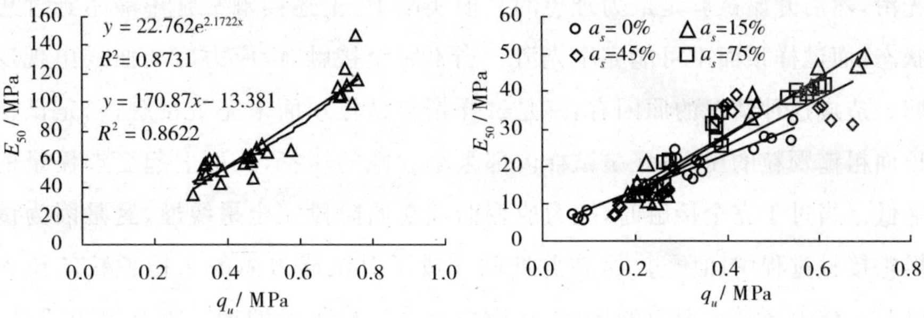

(a) ω=47.5%, a_w=15%　　(b) ω=47.5%, a_w=10%

图 4-26　变形系数 E_{50} 与无侧限抗压强度的关系

由图 4-26 可知，随着无侧限抗压强度的增大，变形模量 E_{50} 不断增大，对于图 4-21(a)，分别用线性关系与乘幂关系拟合的函数为：

$$E_{50}=187.92q_u-22.452(R^2=0.9035) \tag{4-5}$$

$$E_{50}=18.688\cdot e^{2.5314q_u}(R^2=0.9365) \tag{4-6}$$

TERASHI[117] 研究发现，水泥土的变形系数 E_{50} 与无侧限抗压强度之间基本呈正比关系。由式(4-5)或式(4-6)可知，采用乘幂关系拟合变形系数与无侧限抗压强度的关系，比用线性关系描述要好。此外，相同含水率、相同水泥掺入比下，同一掺砂量下不同龄期固化土的变形系数 E_{50} 和无侧限抗压强度 q_u 同样具有上述变化关系，如图 4-26(b)所示。因此，分析变形模量与抗压强度的关系，对以变形控制分析地基沉降具有十分重要的意义。

4.4.2　三轴压缩试验中的变形模量与围压的关系

三轴压缩试验的变形模量 E 取最大偏应力 $(\sigma_1-\sigma_3)_{max}$ 一半时的偏应力与其所对应应变的比值，图 4-27 为不同围压下变形模量与掺砂量的关系。从图中可以看出，变形模量随着掺砂量的增加而有所提高。较水泥土而言 ($a_s=0\%$)，水泥砂浆固化土的变形模量均获得一定程度的增长，对比无侧限抗压强度试验结论，仍然可以认定在 10%左右的掺砂量下，固化土变形模量增幅最大。其他各砂量下，均获得一定程度提高。由于三轴 CU 压缩试验计算的变形模量离散性相对较差，仅可从总体变化趋势上得出上述结论，造成数据离散性较差的原因，主要和试验条件有关，尤其是加载初期试样帽与试样顶面接触程度的影响，当试样帽与试样顶面刚刚完全接触，试样顶面完全光滑，然后开始试验是最为理想的。但实际上，上述接触常常不能达到理想状态，而试样顶面不可能完全光滑。当不完全接触时，应力应变曲线出现反凹。造成这种情况的原因有：一是试样帽与试样顶面未完全接触；二是试样顶面粗糙颗粒的压入；三是试样内部微小裂隙的压密，从而引起变形模量的降低。当过于完全接触时，应力应变曲线初始阶段完全呈线性，这是因为试样帽接触过程中加压过大，在此期间完成了对试样顶面的粗糙颗粒的压入以及试样内部微小裂隙的压密，从而引起变形模量的增加。需要说明的是，$a_s=60\%$的试样实际养护时间为82d，因此变形模量相对偏大。

围压变化同样对固化土的变形模量产生一定的影响，如图4-28所示。由于前文所叙原因的影响，规律性不是很好，但总体上仍可以看出，随着围压的增加，固化土的变形模量逐渐增大，但是变化幅度较小。

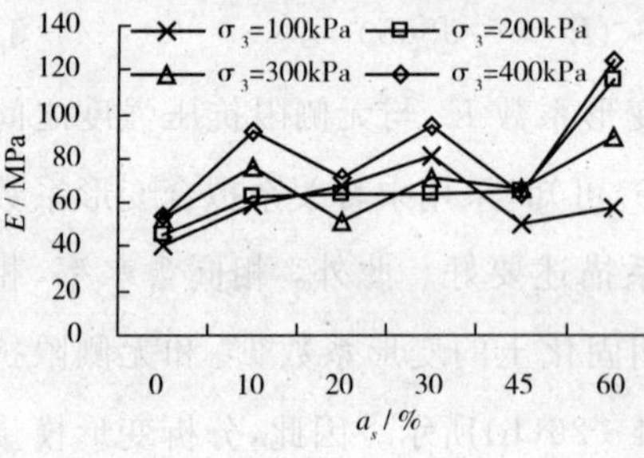

图4-27 $T=60\text{d}, \omega=47.5\%, a_w=15\%$ 不同掺砂量的变形模量

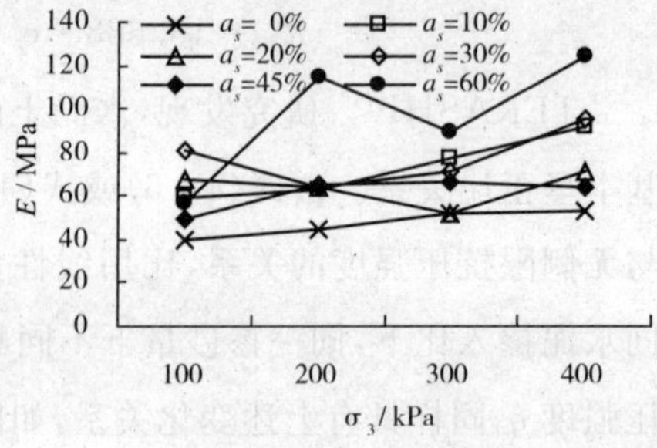

图4-28 $T=60\text{d}, \omega=47.5\%, a_w=15\%$ 不同围压的变形模量

4.5 水泥砂浆固化土的压缩变形特性

研究土体的压缩变形特性，主要是讨论压应力与孔隙体积的变化规律，土体的压缩变形特性通常采用压缩系数和压缩模量两个指标表示；而水泥砂浆固化土的压缩变形特性是讨论压应力与总体积变形的变化规律，由于水泥砂浆固化土材料特殊，初始孔隙比难以准确测定，因此采用侧限压缩模量(E_s)描述水泥砂浆固化土压缩变形特性。侧限压缩模量(E_s)定义为侧限条件下试样竖向应力与相应应变的比值，与体积压缩系数(m_v)互成倒数关

系。压缩模量是预估沉降计算的重要参数，因此，研究水泥砂浆固化土的压缩变形特性，对分析水泥砂浆固化土的沉降和稳定问题十分重要。

通过试验研究发现，水泥砂浆固化土压缩变形特性与掺砂量、水泥掺入比、龄期等因素相关，总体而言，水泥砂浆固化土较水泥土具有更优越的压缩变形特性。

4.5.1　不同掺砂量的压缩变形特性

图 4－29 是水泥掺入比为 15％、含水率为 47.5％、7d 龄期与 28d 龄期时，不同掺砂量的压缩变形曲线。

由图 4－29 可知，掺入砂料可明显改善水泥土的压缩变形性能，在相同荷载作用下，水泥砂浆固化土的压缩变形量比水泥土要小 25％～40％。特别是当荷载较小时（＜200kPa），水泥砂浆固化土压缩变形仅为相同荷载下水泥土变形的 1/2。可见，在水泥土中掺入砂料，可以提高水泥土抵抗变形的能力。

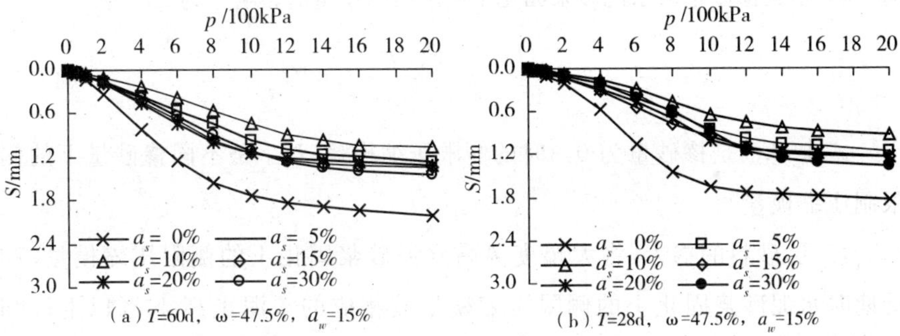

（a）T=60d，ω=47.5%，a_w=15%　　（b）T=28d，ω=47.5%，a_w=15%

图 4－29　不同掺砂量的压缩曲线

试验发现，砂料改善水泥土的压缩变形性能并非随着掺砂量的增加而线性提高，同样存在一个最佳掺砂量，与前文试验结论一致，当掺砂量为 15％时，对固化土的压缩变形性能改善最明显，固化土压缩变形最小。但在其他掺砂量下，固化土的压缩变形特性均获得一定的改善，这一试验结果进一步印证了前文的研究结论，对于本文试验采用的原料土，当水泥掺入比为 15％时，最佳掺砂量为 10％左右，该最优掺砂量下，固化土的物理力学性质最好。

比较图 4－29(a)、(b)可以发现，龄期对固化土的压缩变形影响存在一定的影响，但影响相对较小，并且随着龄期的延长，相同荷载下的压缩变形逐渐减小，然而减少的幅度不大。

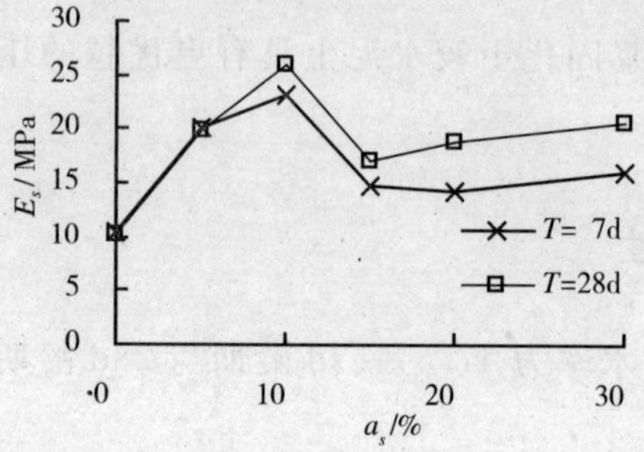

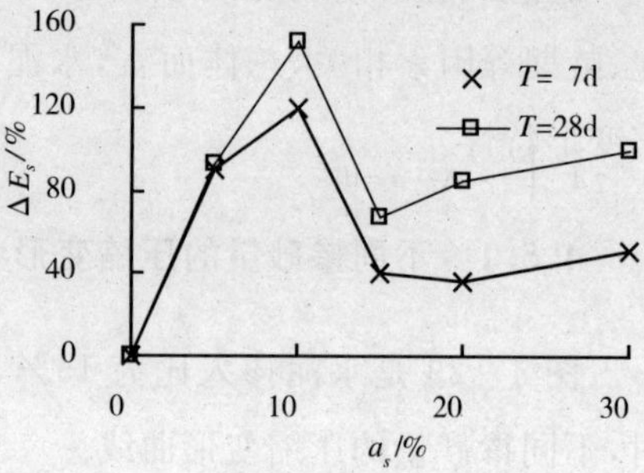

图 4－30　固化土侧限压缩模量与掺砂量的关系

根据图 4－29 计算可得到不同龄期时各掺砂量下固化土的侧限压缩模量。由于 $p \leqslant 200$kPa 时压缩变形很小，因此取 $p_1 = 400$kPa、$p_2 = 800$kPa 所对应的压缩变形，计算侧限压缩模量，如图 4－30。为描述掺砂量对固化土侧限压缩模量 E_s 的影响，定义掺砂量对水泥砂浆固化土侧限压缩模量的影响率为 ΔE_s 为：

$$\Delta E_s = \frac{(E_{s,a_s} - E_{s,0})}{E_{s,0}} \times 100\% \tag{4-7}$$

式中，$E_{s,0}$ 是掺砂量为 0%时的侧限压缩模量；E_{s,a_s} 是不同掺砂量下的侧限制压缩模量。

可见，砂料的掺入，将大幅度提高水泥砂浆固化土的侧限压缩模量，7d 龄期时水泥砂浆固化土的侧限压缩模量较相应的水泥土高 40%以上；28d 龄期时，较相应的水泥土高 80%以上，其中当掺砂量为最优掺砂量时，侧限压缩模量较相应的水泥土高 119%以上。

4.5.2　不同水泥掺入比的压缩变形特性

水泥掺入比显著影响水泥土的压缩变形特性，因此一定掺砂量下，水泥掺入比的变化，也将影响固化土的压缩变形特性。图 4－31 为龄期 28d、掺砂量为 15%、不同水泥掺入比的侧限压缩曲线，图 4－32 为相应的侧限压缩模量变化关系。

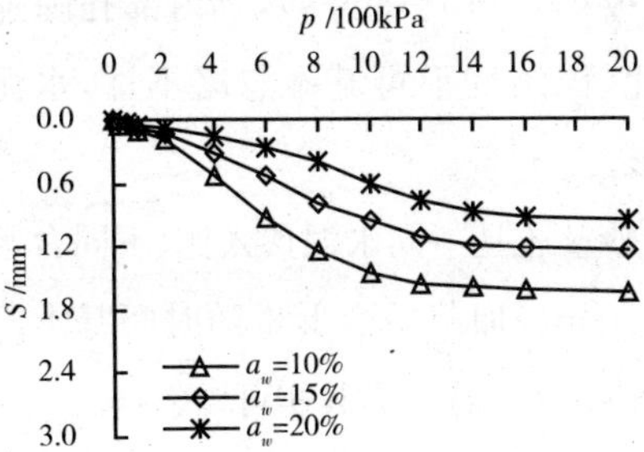

图 4-31　$T=28\mathrm{d}, \omega=47.5\%, a_s=15\%$

不同水泥掺入比的压缩曲线

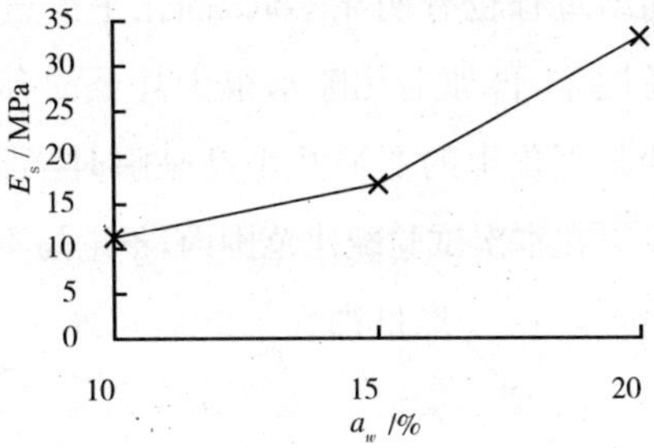

图 4-32　$T=28\mathrm{d}, \omega=47.5\%, a_s=15\%$

侧限压缩模量与水泥掺入比的关系

从图中可看出，水泥掺入比对压缩变形量的影响比较明显，水泥掺入比越低，相同荷载作用下的变形量越大，压缩曲线越陡，侧限制压缩模量越小，固化土压缩性越大；水泥掺入比越高，相同荷载作用下变形量越小，压缩曲线越缓，侧限压缩模量越大，固化土压缩性越小。可见，一定掺砂量下，水泥水化物的胶结填充作用对固化土压缩变形影响显著，水泥掺入比越高，生成的水泥水化物含量越多，胶结填充作用越好，固化土越密实，压缩变形越小，荷载越小越明显。

4.5.3　水泥砂浆固化土沉降变形与时间的关系

为了预估土体沉降随时间的变化关系，通常需要通过室内固结试验，求得估算主固结速率的指标，即主固结系数。固结试验是在某一预定荷载作用下，测定试样的压缩变形量与时间的关系曲线，根据曲线的特征加以校正，求算固结系数。对于一般土体来说，透水性越弱，压缩性越高，渗透固结速度越慢，但由于水泥砂浆固化土与一般土体的内部结构不同，固结过程有明显不同，孔隙水的排出后超静空压消散引起的变形量很小。通过单向压缩固结试验，得到水泥砂浆固化土变形与时间平方根的关系如图 4-33 所示。图中曲线表明，固化土的变形在很短的时间内就可以完成，水泥砂浆固化土的最终沉降变形量主要由各级压力下的瞬时沉降产生，瞬时沉降是指紧随着加载之后的短时间内发生；固结沉降是由于荷载作用下超净孔隙水压力逐渐消散而引起的渗水压缩过程和混合土中水膜蠕变及结构重新排列而引起的极为缓慢的变形。水泥砂浆固化土与一般土体的内部结构不同，固结过程也有明显不同，固化土渗透系数级小(＜10^{-8}cm/s)，且内部孔隙连通性差，再加上孔隙水很少甚至没有，因此，固结变形可基本忽略不计，水泥砂浆固化土的变形几乎都是瞬时沉降变形。

在本次试验配比范围内，不论是不同掺砂量还是不同水泥掺入比、不同含水率固化土，变形量都在加载后迅速完成(＜1min)，加载后变形量随时间基本不变，固结变形量很小，对于水泥砂浆固化土来说，这部分变形其实可以忽略。

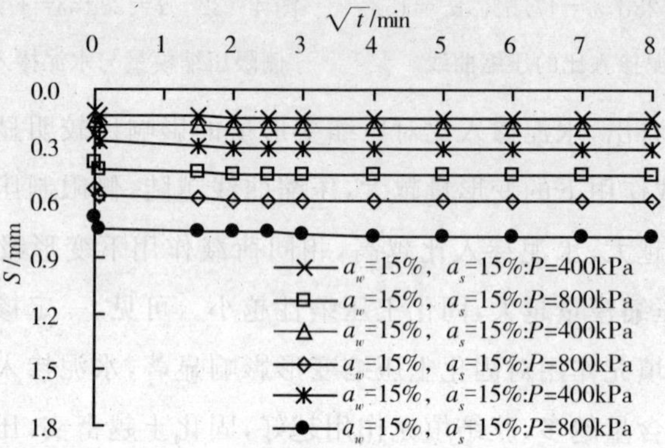

图 4-33　$T=28$d，$\omega=47.5\%$固化土的 $S-\sqrt{t}$ 关系曲线

4.6　本章小结

1. 总体而言，水泥砂浆固化土属弹塑性材料，其单轴压缩应力应变曲线与水泥土以及岩石相似，存在明显的峰值应力，属于加工软化类型曲线。应力应变曲线可分为压密硬化、弹性变形、塑性变形和应变软化四个阶段。

2. 掺砂量、水泥掺入比、含水率、龄期对固化土的应力应变特性都有一定影响，而砂料粒径影响相对较小。砂料对固化土的应力应变特性具有明显的改变作用，弹性模量增大，峰值应力强度提高，塑性变形减小，但并非与掺砂量呈正比关系，一定的水泥掺入比下，存在一个最优掺砂量，在该掺砂量下，固化土物理力学性质最好。水泥掺入比越高，应力应变曲线越陡，弹性模量越大，峰值应力强度越高，剪涨效应越显著，破坏由塑性向脆性转变。含水率越高，峰值应力强度越低，曲线平缓，弹性模量越小，塑性变形越显著。龄期越大，应力应变曲线越陡，弹性模量越大，峰值应力越大，峰态由平缓逐渐变为尖峰状，材料特性由塑性逐渐向脆性过渡。砂料粒径一定程度上影响固化土的应力应变曲线形态，随着掺料粒径的增加，应力应变曲线变陡，初始弹性模量增大，峰态由平缓逐渐变为尖峰状，但是，上述变化幅度均较小，而 ISO 标准砂的曲线形态，更加接近于砂料粒径较大的固化土。三轴 CU 试验表明，砂料粒径的变化主要表现在固化土的强度上，随着粒径的增加，固化土强度逐渐变大。

3. 掺砂量、水泥掺入比、含水率、龄期和砂料粒径对固化土的单轴压缩破坏应变存在影响。砂料的掺入，使得固化土破坏应变得到不同程度的降低，28d 龄期时水泥砂浆固化土的破坏应变较相应的水泥土约低 15%。掺砂量由零增至最优掺砂量时，破坏应变不断减小；超过最优掺砂量后，破坏应变不断增加；当掺砂量大于 20%时，破坏应变随着掺砂量的增加，基本保持不变，上述变化的幅度与龄期相关。可见，在最优掺砂量下，固化土内部结构最完美，整体性最好。水泥掺入比越高，破坏应变越小，且试样破坏越呈脆性破坏特征。龄期越大，当掺砂量小于 20%时破坏应变越小，当掺砂量大于 20%时破坏应变先增大后变小，造成这种现象的原因与水泥水化反应物的含量以及砂料的摩擦作用有关。含水率越大，破坏应变越大，二者近似呈线性关系。

4. 三轴 CU 压缩试验证明，水泥砂浆固化土属应变软化材料，应力应变曲线类似于超固结土，具有剪胀特性和剪切峰值，因此以最大偏应力 $(\sigma_1 - \sigma_3)_{max}$ 作为剪切强度取值标准。此外，固化土的 $p-q$ 线性关系明显，$p'-q'$ 的线性关系较差，因此，摩尔-库伦强度理论同样适用于水泥砂浆固化土，而有效应力原理则值得探讨。这是因为在机械搅拌以及水泥水化反应过程中，固化土内部存在孔隙并产生负压，经水泥水化物充填胶结后采用抽气饱和的方法是无法实现饱和目的的。

5. 随着掺砂量、水泥掺入比、砂料粒径的增加，固化土的变形系数 E_{50} 总体上呈增加趋势。砂料的掺入，可提高固化土的变形系数 E_{50}。总体而言，水泥砂浆固土的变形系数较水泥土约大 40%，增幅随着龄期的延长而不断变大。28d 龄期时，最优掺砂量下水泥砂浆固化土的变形系数较水泥土可高达 121.8%。掺砂量由零增至最优掺砂量时，变形系数 E_{50} 不断变大；超过最优掺砂量后，变形系数 E_{50} 有所降低；当掺砂量大于 20%时，随着掺砂量的增加，变形系数 E_{50} 基本保持不变。水泥掺入比越高，变形系数 E_{50} 越大，二者近似呈线性关系。砂料粒径越大，固化土的变形系数 E_{50} 越大，二者近似呈线性关系，采用 ISO 砂料的固化土变形系数 E_{50} 为大粒径砂(0.5～1mm)的 91%，因此，在实际工程中，无需对砂料进行分级而可直接运用。三轴 CU 试验中，围压越大，变形模量 E 越大，但增幅较小。此外，固化土的变形系数与无侧限抗压强度的关系可用线性函数表述，但乘幂关系的相关性更佳。

6. 掺入砂料可明显改善水泥土的压缩变形性能，侧限压缩模量获得大幅度提高，7d 龄期时水泥砂浆固化土的侧限压缩模量较相应的水泥土高 40%以上；28d 龄期时，较相应的水泥土高 80%以上。其中，当掺砂量为最优掺砂量时，侧限压缩模量较相应的水泥土高 119%以上。在相同荷载作用下，水泥砂浆固化土的压缩变形量比水泥土要小 25%～40%。随着水泥掺入比的增加，相同荷载作用下变形量越小，压缩曲线越缓，侧限压缩模量越大，固化土压缩性越小。

第 5 章　水泥砂浆固化土强度特性的试验研究

水泥砂浆固化土的强度特性是它的重要力学性质之一，受固化土中掺砂量、水泥掺入比、含水量、砂料粒径等因素的影响，造成了固化土强度变化规律的复杂性，为探寻具有工程运用前景的掺和料配比关系，需要对水泥砂浆固化土的强度特性进行大量的试验研究工作。

5.1　固化土的剪切破坏形式

张土乔等研究表明[18]，水泥土在不同水泥掺入比、龄期、围压下，其应力应变关系可以划分为脆性、加工硬化和加工软化三种模式，由此表现出脆性张裂破坏、塑性剪切破坏和脆性剪切破坏三种破坏特征，如图 5－1 所示。

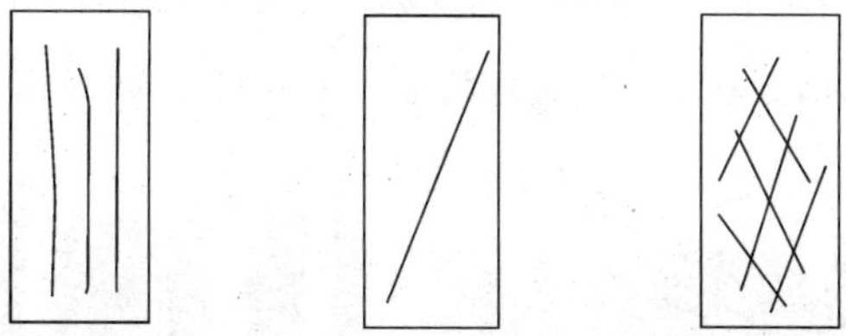

(a)脆性张裂破坏　(b)塑性剪切破坏　(c)脆性剪切破坏

图 5－1　水泥土的三种破坏形式

图 5－1(a)中，裂隙沿轴向发展，固化体发展为脆性张裂破坏。破坏时，试样中出现纵向裂纹。随着纵向裂缝不断发展，试样的环向、径向应变增加，当环向应变达到或超过水泥土的极限应变时发生脆性张裂破坏，试样呈现脆性材料特征。这种破坏形式多出现于高水泥掺入比、小围压的情况，应

力应变曲线多为崩溃型。图 5-1(c)中裂隙沿两个方向大量出现，形成塑性流动区，固化土发生塑性破坏。试样破坏时为碎块状，呈现无规则的多面破坏。这种破坏形式多出现于低水泥掺入比、高围压的情况，应力应变曲线多为加工软化型。图 5-1(b)中，塑性剪切破坏介于上述二者之间，试样中的裂隙主要沿一个方向发展，常常形成明显的塑性剪切破坏面。一般土体的破坏均为该种形式，且剪切角一般较大，应力应变曲线多为加工硬化型。

从本文试验的结果来看，无侧限抗压强度试验的破坏模式多为脆性张裂破坏和塑性剪切破坏，如图 5-2(a)所示。随着龄期的延长以及掺砂量的增加，崩溃型破坏更为显著，塑性滑移痕迹不明显，典型破坏图片如图 5-2(b)所示。

(a)脆性张裂破坏和塑性剪切破坏　　(b)崩溃型破坏

图 5-2　无侧限抗压强度试验固化土的典型破坏形式

三轴压缩试验的破坏模式基本为塑性剪切破坏，塑性变形较大，塑性滑移面十分明显，大部分情况下呈平整的曲面，该法面与试样轴向夹角 θ 随着 σ_3 的增加而呈减小趋势，此外，鼓状剪胀性破坏特征也十分明显，如图 5-3 所示。

(a)鼓状剪胀性破坏　　(b)塑性剪切破坏

图 5-3　三轴 CU 压缩试验固化土的典型破坏形式

水泥砂浆固化土应属于一种多相体(固相、液相、气相、收缩膜)的非饱和土,通过水泥的水解、水化和硬凝作用,发生了一系列的化学反应,生成硅酸钙、铝酸钙等水化物将土颗粒、砂颗粒相互胶结,在这个过程中消耗了较多的水分,水膜不断变薄,基质吸力不断增大,遗留的孔隙中充满了结晶物,因此固化土具有好的整体性和密实性。在加载过程中,固化土中薄弱的胶结联结最先发生断裂破坏,随着变形的增大,破坏逐渐贯通,产生局部裂缝。当超过一定应力水平后,裂隙沿着薄弱联结面不断发展,胶结联结不断地断裂破坏并贯通,发生塑性流动破坏,最终在宏观上表现为完全贯通的裂隙。当没有围压或者围压较小时,发生脆性张裂破坏和塑性剪切破坏;当围压较大时,发生塑性剪切破坏。

在三轴压缩CU压缩试验中,由于水泥砂浆固化土属非饱和土,使得$p'-q'$线性关系较差,因此试验前的抽气饱和过程,其功效值得进一步探讨。在试验中的固结排水过程中,排水量一般小于2ml。由于水泥水化物的胶结填充作用,固化土固结排水基本没有,而试验中测得的固结排水量实际上是装样过程中遗留的水分。因此,对于采用水泥作为固化剂的固化土,仅进行三轴CU压缩试验测定总强度指标即可,因此三轴CU压缩试验中测得的有效强度指标,准确性有待进一步认证。由于固结排水基本没有,实际上降低了剪切过程中的孔隙水压力,从而低估了固化土的有效强度,因此,即使采用常规三轴CU压缩试验测定的有效强度指标,也是偏于安全的。

5.2　无侧限抗压强度特性

在利用水泥砂浆搅拌软土处理软弱地基的设计、施工过程中,抗压强度是一个非常重要的指标。由于水泥砂浆固化土是多种材料的混合体,因此影响固化土抗压强度的因素多且复杂,尤其是各组成材料的含量对抗压强度的影响。在研究配比对固化土强度特性的影响时,最基本、最简单的方法就是通过无侧限抗压强度试验测定配比与无侧限抗压强度的关系。为分析某一组成材料在水泥砂浆固化土抗压强度中的影响作用,通过单一改变某一材料的含量,分析固化土无侧限抗压强度的变化规律。

5.2.1 掺砂量的影响

本文试验的目的是通过在水泥土内掺入一定比例的砂料，从而改善水泥土的物理力学性能，寻求改善水泥土工程特性的途径。因此探索研究固化土强度与掺砂量之间的关系十分重要，是确定具有工程运用前景配方的基础。试验证明，随着砂料的掺入，不同龄期下固化土的无侧限抗压强度均获得一定程度提高，但幅度并非随着掺砂量的增加而出现线性增加。水泥掺入比10%和15%、含水率为47.5%、不同龄期固化土无侧限抗压强度与掺砂量之间的关系见图5-4。

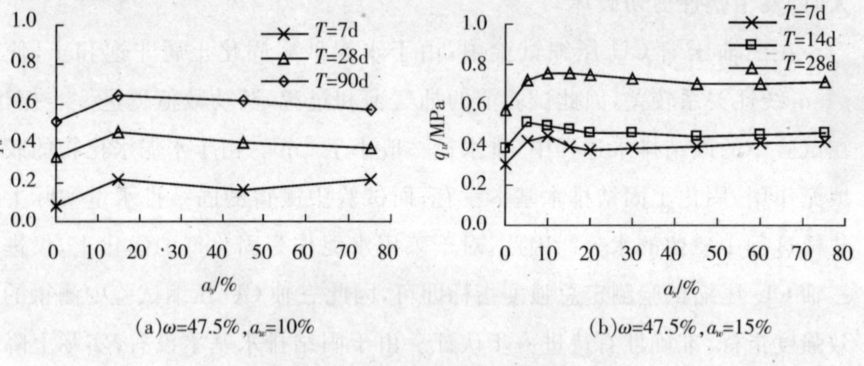

图5-4 掺砂量与无侧限抗压强度的关系

由图5-4可知，当超过一定掺砂量时，固化土强度基本保持不变。因此，对于同一土料相同水泥掺入比下，存在一个最优掺砂量。当掺砂量超过该值时，无侧限抗压强度增幅很小。对于本文所述原料土，水泥掺入比为10%时最优掺砂量约为15%，水泥掺入比为15%时最优掺砂量约为10%。

水泥砂浆固化土随掺砂量的变化可分为两个阶段，当掺砂量由0增加至最优掺砂量时，固化土无侧限抗压强度显著提高，达到最优掺砂量时，强度达最大。这是因为适量的砂料可以填充因水泥土搅拌过程中形成的孔隙，使固化土形成更为密实的整体，而大模量物质砂料的掺入，置换了部分模量较小的土体，在水泥水化物得胶结作用下形成骨架，从而提高了固化土的强度。掺砂量超过最优掺砂量后，水泥砂浆固化土无侧限抗压强度有所下降。当掺砂量超过20%后，固化土无侧限强度基本不变。这可能是由于砂料在固化土中所占比例过大，经水泥胶结的土颗粒与砂颗粒之间形成联结，较单纯的水泥土颗粒之间的联结要薄弱所致。

为描述掺砂量对固化土强度的提高效率，定义掺砂量对水泥砂浆固化土强度的贡献率 Δq_u 为：

$$\Delta q_u = \frac{(q_{u,a_s} - q_{u,0})}{q_{u,0}} \times 100\% \tag{5-1}$$

式中，$q_{u,0}$ 为掺砂量等于 0%时的无侧限抗压强度；q_{u,a_s} 为不同掺砂量下固化土的无侧限抗压强度。通过式(5-1)对图 5-4 中各数据进行计算，得到掺砂量对水泥砂浆固化土强度的贡献率，如图 5-5 所示。

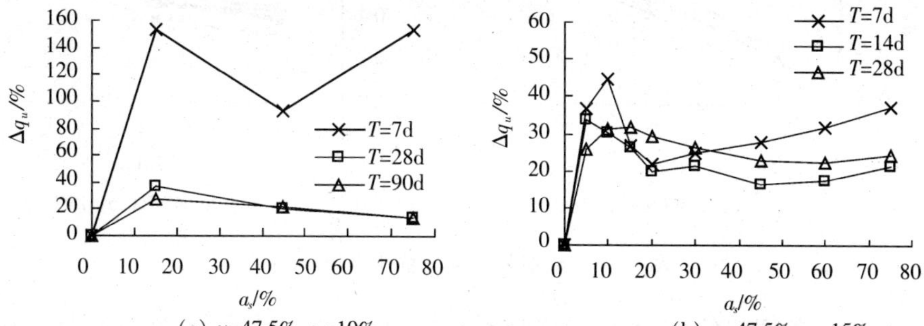

(a) ω=47.5%, a_w=10%　　(b) ω=47.5%, a_w=15%

图 5-5　掺砂量对固化土强度的贡献程度

由图 5-5 可知，砂料的掺入，可以有效提高水泥砂浆固化土的无侧限抗压强度。总体而言，水泥砂浆固化土的无侧限抗压强度较相应的水泥土高约 20%，当掺砂量为最优掺砂量时，水泥砂浆固化土的无侧限抗压强度提高幅度最大。特别需要指出的是，当龄期较小时，水泥砂浆固化土的无侧限抗压强度，在水泥掺入比为 10%时较相应的水泥土高约 100%；在水泥掺入比为 15%时较相应的水泥土高约 40%，因此通过在水泥土中掺入一定量的砂料，可以显著提高早期强度。可见，当小于最优掺砂量时，随着掺砂量的增加，掺砂量对水泥砂浆固化土强度增加的贡献率较大；当达到最优掺砂量时，贡献率最大；当超过最优掺砂量时，贡献率有所降低，即砂量的增加并没有引起强度的进一步提高。可见，单纯依靠提高掺砂量来改善水泥土的强度特性是不经济的，也是不科学的。

5.2.2　龄期的影响

龄期对水泥砂浆固化土强度的影响较大。随着龄期的增长，不管掺砂量的高低,固化土无侧限抗压强度不断变大,这与固化土强度的形成机理有关。随着龄期的延长,水泥水化物含量不断增加,因此水泥水化物的胶结作用不断增强,加之砂颗粒的置换作用(大模量置换小模量),使得形成的土颗粒胶结、砂颗粒充填和胶结的固化土复合体强度不断增加。固化土无侧限抗压强度与龄期的关系如图 5-6 所示。

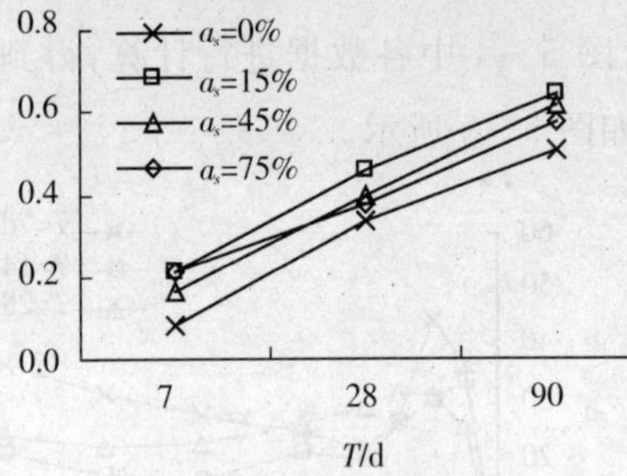

(a) ω=47.5%, a_w=10%

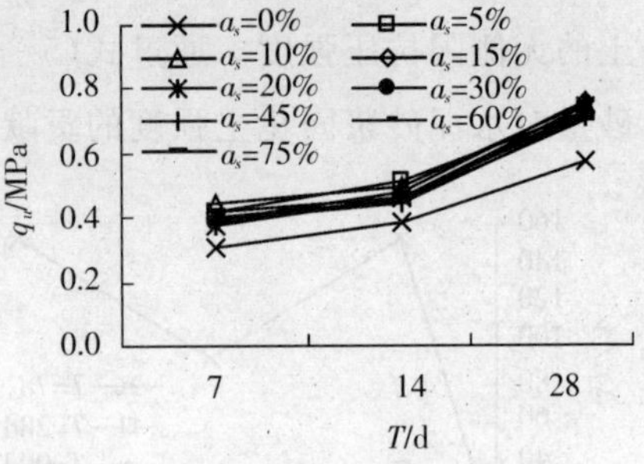

(b) ω=47.5%, a_w=15%

图 5-6　龄期与无侧限抗压强度的关系

随着龄期的延长,水泥水化物不断增加,在土颗粒之间、砂颗粒与土颗粒之间以及砂颗粒之间不断胶结,不断填充孔隙,从而形成具有复杂内部结构的固化体。7d 龄期时,胶结较差,联结力较弱,砂粒置换作用明显,砂料的掺入显著提高了固化土的无侧限抗压强度,当水泥掺入比较小时(a_w = 10%)更为显著,如图 5-6(a)所示;28d 龄期时,水泥水化物基本将土颗粒和砂颗粒胶结成整体,特别是砂料的置换作用,使得固化土基本具有较好的整体性和密实性,具有较高的强度。

《建筑地基处理技术规范》建议以 90d 龄期的无侧限抗压强度值作为水泥土的强度标准值,本文同样将水泥砂浆固化土的 90d 龄期抗压强度作为标准值。在不同掺砂量下,用式(5-2)来表示龄期对水泥砂浆固化土的抗压强的影响:

$$\Delta q_T = \frac{q_{u,T}}{q_{u,90}} \times 100\% \tag{5-2}$$

式中,Δq_T 为龄期对强度增长的贡献率,$q_{u,90}$ 为某掺砂量下 90d 龄期时固化土的无侧限抗压强度;$q_{u,T}$ 为某掺砂量下不同龄期固化土的无侧限抗压强度。

计算发现,水泥掺入比为 10%时,7d 龄期下,不论掺砂量的高低,无侧限抗压强度可达到强度标准值的 30%左右，较水泥土要高出 1 倍；28d 龄期下，不论掺砂量多少，无侧限抗压强度均可达到标准强度的 65%以上。图5-7 为水泥掺入比 10%，根据式(5-2)计算得到的强度增长率与龄期的关系。可见，砂料的掺入，在低水泥掺入比下，可有效提高固化土的早期强度。

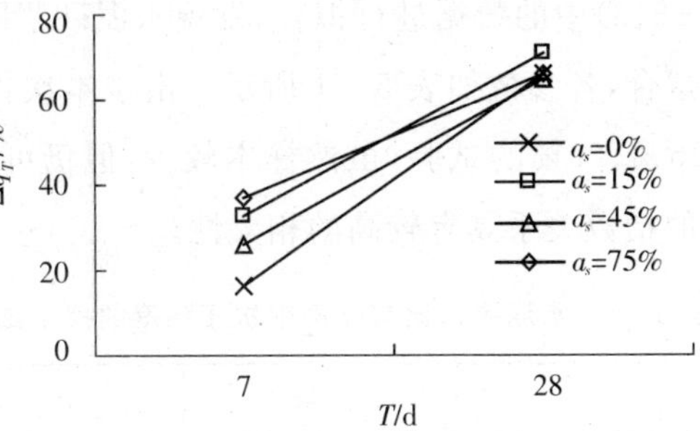

图 5-7　$\omega=47.5\%$，$a_w=10\%$，龄期对固化土强度增长的贡献度

此外，依据 28d 龄期的无侧限抗压强度，可用式(5-3)推测固化土的标准强度值。

$$q_{u,90}=(1.51\sim1.55)\times q_{u,28} \tag{5-3}$$

5.2.3　水泥掺入比的影响

水泥掺入比对水泥砂浆固化土的无侧限抗压强度具有重要影响，这是因为即使采用大模量物质砂料置换部分软弱土，但如果没有水泥水化物的胶结作用，复合体仍难以固化成一个密实的整体。图 5-8 为一定掺砂量下，水泥掺入比与无侧限抗压强度的关系。

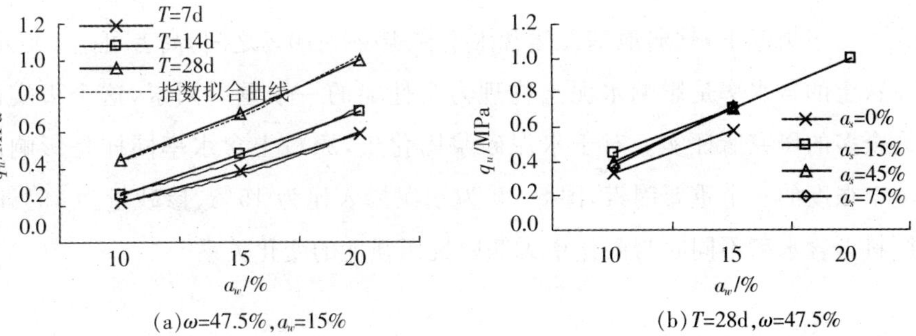

图 5-8　水泥掺入比与固化土无侧限抗压强度的关系

由图 5-8 可见，不管掺砂量如何，随着水泥掺入比的增加，固化土强度随之增加。根据水泥土的相关研究，无侧限抗压强度与水泥掺入比呈指数关系，可用式(5-4)表示：

$$q_u = a e^{b a_w} \tag{5-4}$$

通过对图 5-8(a)中的数据进行拟合，发现水泥砂浆固化土同样可以采用式(5-4)进行拟合，各参数如表 5-1 所示。由于本次仅进行了水泥掺入比分别为 10%、15%、20%的试验，虽然样本较少，但仍可以发现，固化土强度与水泥掺入比的指数关系具有较高的相关性。

表 5-1　水泥掺入比与无侧限抗压强度的拟合结果

		a	b	R^2
指数拟合	T=17d	0.1385	0.4928	0.993
	T=14d	0.1662	0.4991	0.987
	T=28d	0.3076	0.3982	0.993
线性拟合	T=17d	0.1858	0.0298	0.997
	T=14d	0.2268	0.0348	0.999
	T=28d	0.2735	0.1712	0.999

观察图 5-8 可以发现，试验的水泥掺入比范围内，固化土无侧限抗压强度与水泥掺入更趋于线性关系，如表 5-1 所示，线性拟合的相关系数均大于 0.99，这可能是本次试验的水泥掺入比范围较小所致。

5.2.4　含水率的影响

一般情况下，软弱地基天然含水率在 40%～70%之间，高者可达 100%，原料土的含水率是影响水泥土物理力学性能的一个重要因素，这个事实已为众多的研究所证实。对于水泥砂浆固化土，原料土含水率同样是影响固化土强度的一个重要因素，图 5-9 为水泥掺入比为 15%、掺砂量为 15%时原料土含水率不同时与固化土无侧限抗压强度的变化关系。

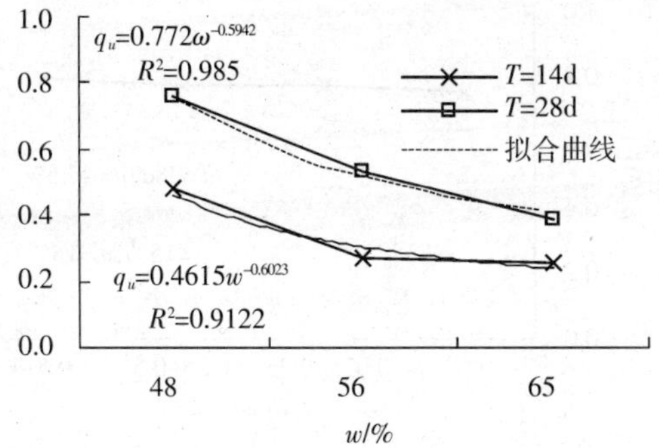

图5-9　$a_s=15\%$,$a_w=15\%$时含水率与固化土无侧限抗压强度的关系

由图5-9可知,随着原料土含水率的增加,固化土无侧限抗压强度逐渐减小,二者可用乘幂函数拟合,如式(5-5)所示,其中a、b为试验系数。从拟合的效果来看,相关系数均超过0.9,因此可以用式(5-5)表征一定掺砂量、一定水泥掺入比下,固化土无侧限抗压强度与原料土含水率的关系:

$$q_u = a\omega^b \tag{5-5}$$

此外,当含水量从47.5%增加至56%时,无侧限抗压强度降低幅度较大;当含水率由56%增加至65%,降低幅度减小。可见,相同的掺砂量、水泥掺入比下,原料土含水率越小,对固化土的强度影响越敏感,因此当含水率超过一定的比例时,将难以达到预期的固化效果。

5.2.5　砂料粒径的影响

本文试验采用的砂料为ISO标准砂,其粒径组成见表3-2。ISO砂的粒径组成较为丰富,但99%以上大于0.08mm。砂料得掺入改变了原料土的粒径组成成分,从固化土的颗粒分析试验来看,随着掺砂量的增加,固化土粒径组成变幅较大,对掺砂量相同、但粒径变化的固化土进行颗粒分析发现,固化土粒径组同样存在一定差异,因此,考察粒径变化对固化土强度的影响,具有重要意义。图5-10为水泥掺入比为15%、掺砂量为15%、含水率47.5%、砂料粒径不同的固化土强度变化情况。

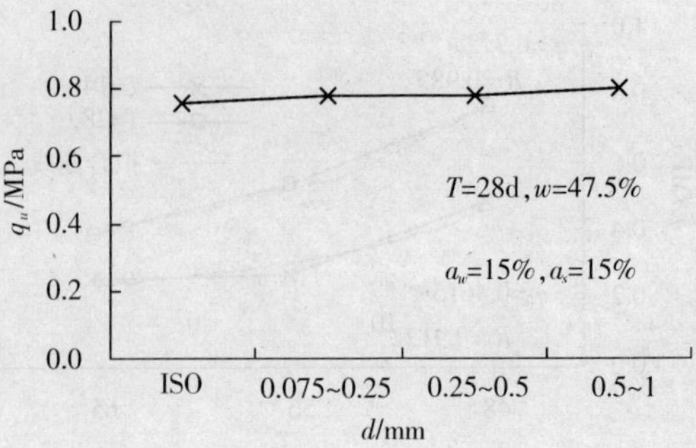

图 5-10　砂料粒径与固化土无侧限抗压强度的关系

由图 5-10 可以发现，砂料粒径变化对固化土无侧限抗压强度影响不大，随着掺料粒径的增大，固化土无侧限制抗压强度略有增加。考察图 5-10 以及图 4-20(d)可以认为，砂料粒径对固化土的无侧限抗压强度影响较小，但是对固化土的变形特性存在一定程度的影响，掺料粒径越大，固化土受荷变形越小，变形系数 E_{50} 越大。

5.3　直接剪切强度特性

直接剪切试验是测定抗剪强度最常用也是最便捷的方法，因此在实际工程中被广泛采用。直接剪切试验分为快剪、固结快剪和慢剪三种试验方法。对于水泥系固化土，一般采用直接快剪测定其抗剪强度。根据水泥砂浆固化土的直接快剪试验结果，综合分析了掺砂量以及水泥掺入比对固化土抗剪强度、内摩擦角和黏聚力的影响规律。

5.3.1　掺砂量对 $\tau-\delta$ 曲线形态的影响

通过对 $w=47.5\%$ 的软土，采用 15% 的水泥掺入比，分别按 0%、5%、10%、15%、20%、30%、45%、60%、75% 的掺砂量进行制样，在养护 28d 后进行直接快剪试验，得到如下各掺砂量下固化土的抗剪强度和法向应力的关系。

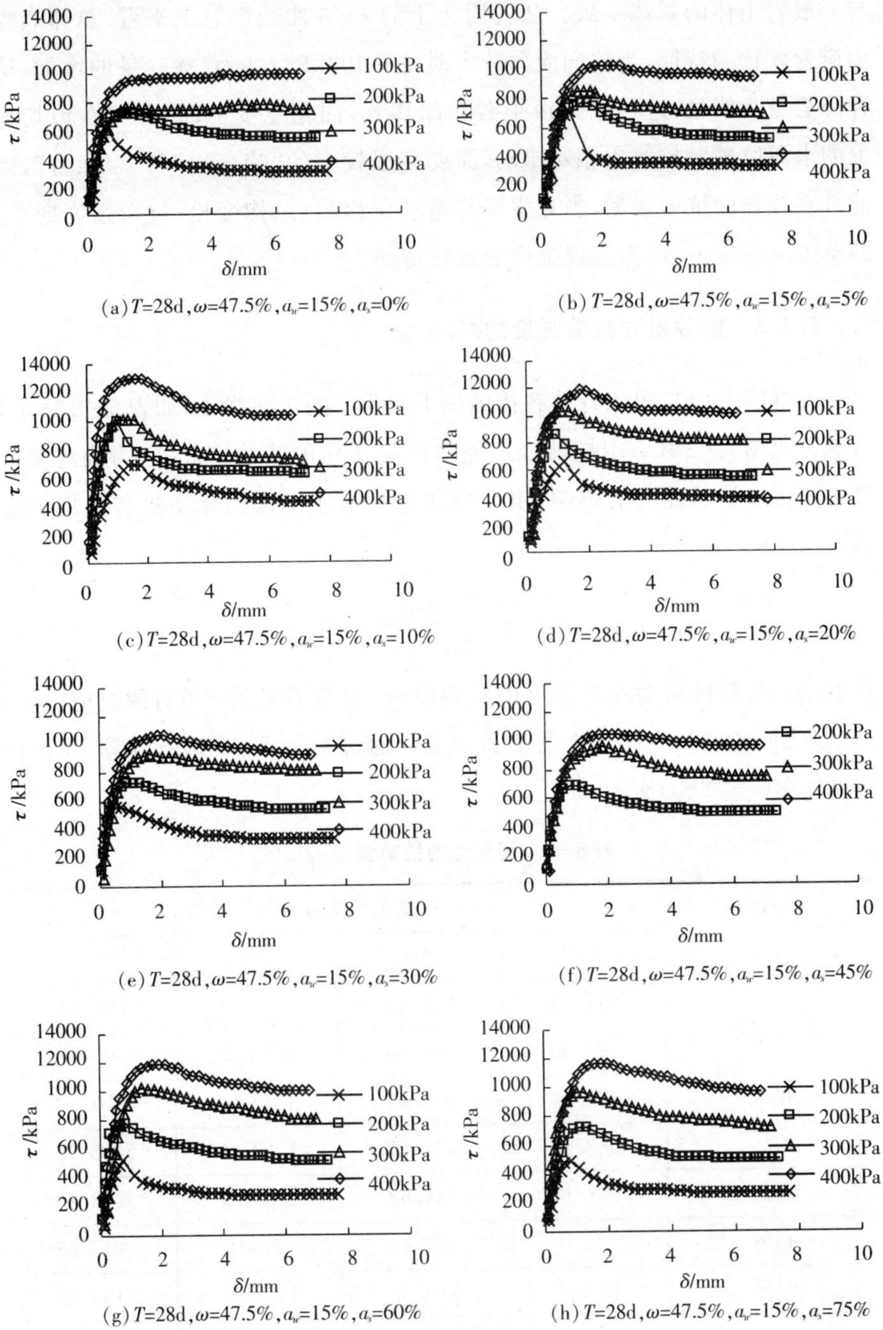

(a) T=28d, ω=47.5%, a_w=15%, a_s=0%

(b) T=28d, ω=47.5%, a_w=15%, a_s=5%

(c) T=28d, ω=47.5%, a_w=15%, a_s=10%

(d) T=28d, ω=47.5%, a_w=15%, a_s=20%

(e) T=28d, ω=47.5%, a_w=15%, a_s=30%

(f) T=28d, ω=47.5%, a_w=15%, a_s=45%

(g) T=28d, ω=47.5%, a_w=15%, a_s=60%

(h) T=28d, ω=47.5%, a_w=15%, a_s=75%

图 5 - 11　不同掺砂量的固化土直接快剪试验 $\tau-\delta$ 曲线

从图 5 - 11 可以看出，固化土抗剪强度随着法向应力的增加而增大，这与一般岩土体的规律一致。从各固化土的 $\tau-\delta$ 曲线形态上来看，总体表现出应变软化的特征，当法向应力较大时($\sigma=400$kPa)，随着掺砂量的增加，这种趋势更为明显，这是因为由于砂料的掺入，固化土受剪时，分布在剪切面上的水泥胶砂颗粒产生相对错动，需要克服较大的“咬合力”和“摩擦力”，因此具有较高的抗剪强度，当克服颗粒错动位移后，结构变松，抗剪强度变小，甚至丧失黏聚力，从而表现出应变软化特征。

5.3.2 掺砂量对抗剪强度的影响

根据图 5-11，可以计算各掺砂量下固化土的抗剪强度，如表 5-2 所示，可绘制成图 5-12(a)中抗剪强度随掺砂量变化的曲线。此外，为描述掺砂量对固化土抗剪强度的影响，定义掺砂量对水泥砂浆固化土抗剪强度的影响率 $\Delta\tau_f$ 为：

$$\Delta\tau_f=\frac{(\tau_{f,a_s}-\tau_{f,0})}{\tau_{f,0}}\times 100\% \tag{5-6}$$

式中，$\Delta\tau_f$ 为掺砂量对抗剪强度的影响率；$\tau_{,0}$ 是掺砂量为 0%时的抗剪强度；τ_{f,a_s} 是不同掺砂量下固化土的抗剪强度。通过对表 5-2 进行计算，获得的结果如图 5-12(b)所示。

表 5-2　固化土的抗剪强度 τ/kPa

掺砂量	法向应力 σ/kPa			
a_s	100	200	300	400
0%	617.58	716.39	850.00	988.12
5%	625.00	765.80	856.37	1021.06
10%	691.69	996.36	1012.83	1301.03
20%	658.75	864.61	1029.30	1185.75
30%	568.17	724.62	930.48	1062.23
45%	/	683.45	955.19	1045.76
60%	527.00	782.26	1021.06	1193.98
75%	494.06	724.62	963.42	1169.28

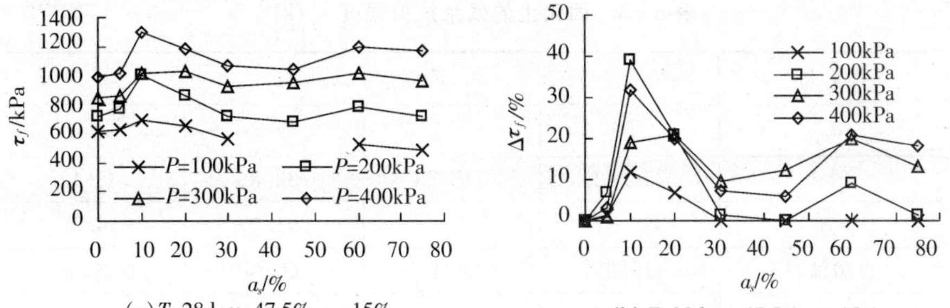

(a) T=28d, ω=47.5%, a_w=15%　　(b) T=28d, ω=47.5%, a_w=15%

图5-12　固化土抗剪强度与掺砂量的关系

随着掺砂量的增加，固化土抗剪强度分三个阶段变化。掺砂量由0增加至最优掺砂量时，固化土抗剪强度不断增加；当掺砂量为最优掺砂量时，抗剪强度达到最大值；掺砂量超过最优掺砂量时，抗剪强度不断降低，当掺砂量超过45%左右后，抗剪强度又有所增加，但是总体上水泥砂浆固化土的抗剪强度均大于相应水泥土的抗剪强度，且随掺砂量变化差异较大。此外，掺砂量为60%～70%的抗剪强度，与掺砂量为20%～30%较为接近。可见，随着掺砂量的不断提高，固化土的内部结构发生了变化。当水泥砂浆固化土受剪时，不但需要克服土颗粒、砂颗粒相互之间由水泥胶结作用产生的胶结力，而且需要克服因剪切过程中分布在剪切面上的水泥胶砂颗粒产生相对错动而引起的较大的"咬合力"和"摩擦力"，因此具有较高的抗剪强度。这种由胶结力与咬合力形成的抗剪强度，在水泥掺入比一定下掺砂量为最优掺砂量时，二者发挥出最大的效应，因此最优掺砂量下水泥砂浆固化土具有较高的抗剪强度。当超过最优掺砂量后，由于砂料增加，砂颗粒与土颗粒之间的胶结力降低，"咬合力"和"摩擦力"也降低，但是前者占主导地位，且降低幅度较大，因此表现出抗剪强度随着掺砂量的增加而逐渐减小的规律；当掺砂量超过一定值后，后者逐渐占据主导地位，并且不断增加，因此产生抗剪强度随着掺砂量的增加又逐渐回升的现象。在一定水泥掺入比下，胶结力、咬合力和摩擦力随掺砂量的变化，是引起固化土 c、φ 值变化的根本原因。

表 5-3　固化土的残余抗剪强度 τ_R/kPa

掺砂量 a_s	法向应力 σ/kPa			
	100	200	300	400
0%	296.44	535.23	732.86	988.12
5%	329.37	518.77	691.69	946.95
10%	419.95	617.58	760.00	1029.30
20%	395.25	543.47	806.97	1012.00
30%	329.37	543.47	815.20	922.25
45%	/	502.30	749.33	955.19
60%	279.97	518.77	806.97	1004.59
75%	263.50	502.30	724.62	971.66

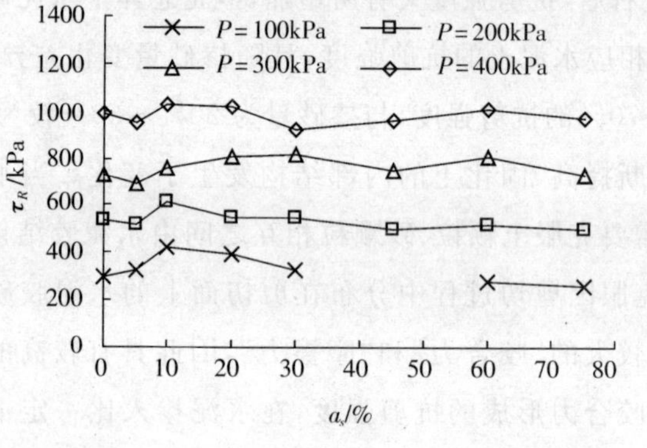

图 5-13　T=28d，ω=47.5%，a_w=15%固化土残余抗剪强度与掺砂量的关系

根据图 5-11 可以计算出固化土的残余抗剪强度，如表 5-3 所示，并可绘制成图 5-13 中残余抗剪强度随掺砂量变化的曲线。可见，不论掺砂量的高低，固化土均具有较高的残余抗剪强度，虽然残余抗剪强度随掺砂量变化较为微弱，但仍然可以看出其趋势与固化土抗剪强度与掺砂量的变化关系相似，同样具有阶段性变化的特点。

5.3.3　掺砂量对 c、φ 值的影响

直接剪切试验的一个主要目的，是采用多个试样分别在不同的垂直压力下施加水平剪切力进行剪切，求得破坏时的剪应力，然后根据莫尔-库仑

定律确定土的抗剪强度参数内摩擦角 c 和黏聚力 φ。在岩土力学中,莫尔-库仑定律是被广泛采用的强度理论。该理论认为在一定的应力水平内,法向应力与剪切应力为线性关系,可用式(5-7)表示:

$$\tau_f = c + \sigma \cdot \mathrm{tg}\varphi \tag{5-7}$$

其中,τ_f 为抗剪强度;c 为黏聚力;φ 内摩擦角;σ 为法向应力,根据表5-2的试验数据,利用式(5-7)可求得各固化土的抗剪强度指标。此外,固化土具有较高的残余强度,因此可根据表5-3求得固化土的残余抗剪强度指标 c_{q_R}、φ_{q_R},在不同的掺砂量下各指标值的计算结果如表5-4所示,可绘制成如图5-11所示的抗剪强度指标随掺砂量变化的曲线。

表5-4　固化土的抗剪强度指标 c_q、φ_q 值

掺砂量	0%	5%	10%	20%	30%	45%	60%	75%
c_q/kPa	482	498	539	498	400	351	321	272
φ_q/°	49	52	62	61	61	62	66	66
c_{q_R}/kPa	70	115	214	160	140	56	37	58
φ_{q_R}/°	55	64	63	65	64	66	67	66

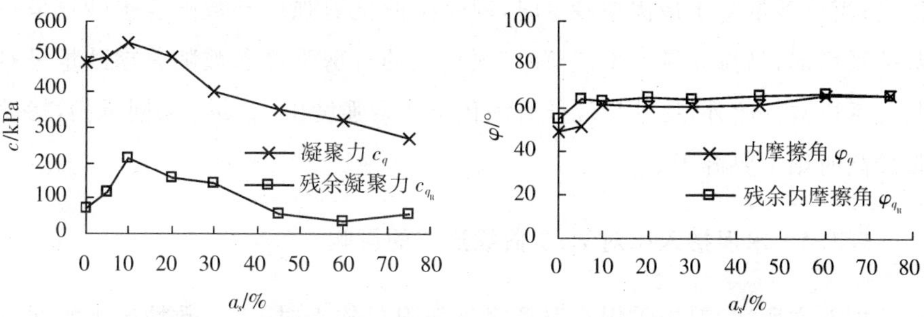

(a) T=28d, ω=47.5%, a_w=15%　　(b) T=28d, ω=47.5%, a_w=15%

图5-14　固化土(残余)c、φ 与掺砂量的关系

由图5-14(a)可知,固化土的抗剪强度参数 c_q 随掺砂量的提高而显著变化。随着掺砂量的增加,固化土的黏聚力 c_q 分阶段变化。当低于最优掺砂量时,黏聚力 c_q 不断增加,10%掺砂量时的黏聚力 c_q 约是掺砂量为0时的1.2倍,二者可近似用 $c_q = 478.28e^{0.0112a_s}$ $(R^2 = 0.95)$ 拟合;当超过最优掺砂

量后，随着掺砂量的增加(20%～75%)，黏聚力 c_q 不断减小，二者可近似用 $c_q=-160.02\ln(a_s)+964.12(R^2=0.98)$ 拟合。可见，当低于最优掺砂量时，砂的掺入，使得固化土胶结更为紧密，受剪过程中表现出较大的胶结力；当超过最优掺砂量后，固化土的胶结作用有所降低，在受剪过程中表现出胶结力的减小。固化土的残余黏聚力 c_{q_R} 同样具有上述变化趋势，当低于最优掺砂量时，残余黏聚力 c_{q_R} 不断增加，10%掺砂量时的黏聚力 c_{q_R} 约为不掺砂时的 3 倍；当超过最优掺砂量后(20%～75%)，残余黏聚力 c_{q_R} 显著下降，二者同样可近似用 $c_{q_R}=-95.994\ln(a_s)+447.59(R^2=0.85)$ 拟合，当超过 45%后基本不变。

由图 5-14(b)可知，随着掺砂量的增加，固化土的内摩擦角 φ_q 以及残余内摩擦角 φ_{q_R} 均获得一定幅度的增加，当掺砂量由 0%增加至 10%左右时，固化土的内摩擦角 φ_q 以及残余内摩擦角 φ_{q_R} 约增加 15%，当掺砂量超过 10%后，固化土的 φ_q、φ_{q_R} 虽然有所增加，但幅度较小，掺砂量为 75%时，固化土的 φ_q、φ_{q_R} 仅比掺砂量为 10%时增加约 4%。产生上述变化的原因，是因为随着掺砂量的增加，受剪过程中需要克服的咬合力和摩擦力不断变大。

综合分析图 5-14(a)、(b)可以发现，在水泥土中以最优掺砂量掺入砂料时，可以同时提高固化土的黏聚力和内摩擦角，且残余强度也获得一定的提高；当掺砂量小于最优掺砂量时，固化土的抗剪强度参数随着掺砂量呈指数关系增加；当掺砂量大于该值时，固化土的抗剪强度参数随着掺砂量呈对数关系递减。此外，掺砂量较低时固化土残余强度由 c_{q_R}、φ_{q_R} 共同承担，掺砂量较高时则主要源于 φ_{q_R}。

5.3.4 水泥掺入比对 $\tau-\delta$ 曲线形态的影响

如前文所述，对于采用水泥系固化剂固化软土时，大多数情况下水泥掺入是影响固化土强度的一个重要因素。通过对含水率为 47.5%、掺砂量为 15%、龄期为 28d、不同水掺入比的固化土进行直接快剪试验，分析水泥掺入比对固化土直接快剪的抗剪强度的影响。图 5-15 为不同水泥掺入比下固化土的抗剪强度和法向应力的关系。

从不同水泥掺入比的固化土的直接快剪试验 $\tau-\delta$ 曲线形态上来看，总体上表现出应变软化的特征，随着法向应力的增加以及水泥掺入比的增加，这种趋势更为明显。众观各水泥掺入比下固化土的 $\tau-\delta$ 曲线，可以发现，水泥掺入比的增加对固化土的应变软化特征的影响较为明显，这主要是因为在胶结结构剪破后形成的滑移面具有不同的摩擦系数。

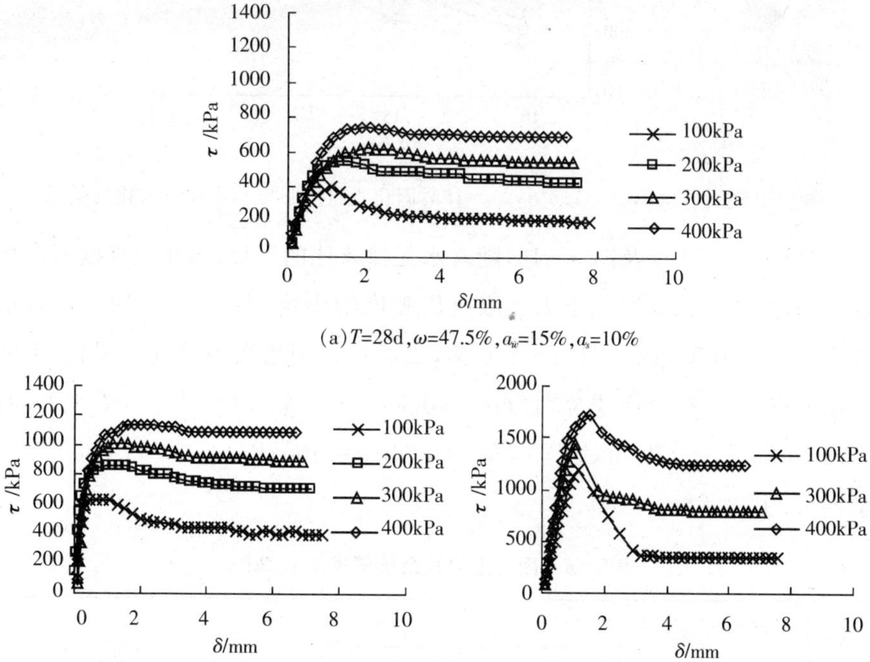

(a) T=28d, ω=47.5%, a_w=15%, a_s=10%

(b) T=28d, ω=47.5%, a_w=15%, a_s=15%

(c) T=28d, ω=47.5%, a_w=15%, a_s=20%

图 5-15 不同水泥掺入比的固化土直接快剪试验 $\tau-\delta$ 曲线

5.3.6 水泥掺入比对抗剪强度的影响

根据图 5-15 可以计算不同水泥掺入比下固化土的抗剪强度，如表 5-5 所示，可绘制成如图 5-16 所示的抗剪强度与水泥掺入比的变化关系曲线。

表 5-5 固化土的抗剪强度 τ_f/kPa

水泥掺入比	法向应力 σ/kPa			
a_w	100	200	300	400
10%	403.48	543.47	625.81	741.09
15%	634.05	870.00	1011.00	1140.00
20%	1185.75		1432.78	1720.98

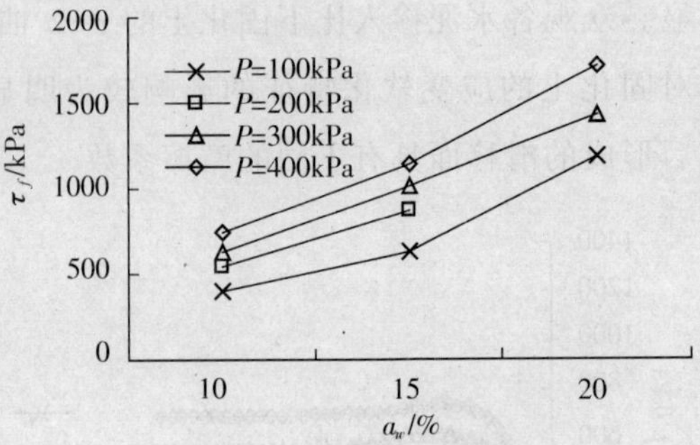

图 5-16　T=28d，ω=47.5%，a_w=15%固化土抗剪强度与水泥掺入比的关系

分析表 5-5 以及图 5-16，随着水泥掺入比的增加，固化土强度逐渐增加，与水泥掺入比对固化土无侧限抗压强度的影响一致。水泥掺入比每增加 5%，抗剪强度则增加 1.4～1.6 倍，二者可以用指数函数进行拟合，不同的法向应力下，拟合曲线分别为：$\sigma=400\text{kPa}$：$\tau_f=320.13e^{8.430a_w}$，$R^2=0.99$；$\sigma=300\text{kPa}$：$\tau_f=279.38e^{8.280a_w}$，$R^2=0.99$；$\sigma=100\text{kPa}$：$\tau_f=133.37e^{10.78a_w}$，$R^2=0.99$。

表 5-6　固化土的残余抗剪强度 τ_R/kPa

水泥掺入比	法向应力 σ/kPa			
a_w	100	200	300	400
10%	205.86	428.19	543.47	691.69
15%	403.48	708.16	897.55	1086.94
20%	354.08	/	790.50	1235.15

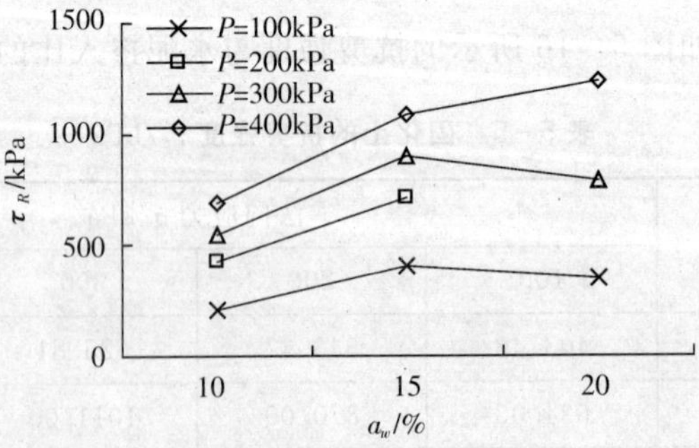

图 5-17　T=28d，ω=47.5%，a_w=15%固化土残余抗剪强度与水泥掺入比的关系

表 5-6 为不同水泥掺入比下固化土的残余抗剪强度，可绘制成如图 5-17 所示的抗剪强度与水泥掺入比的变化关系曲线。可以发现，随着水泥掺入比的增加，固化土的残余抗剪强度随着法向应力的变化存在两种形态，当法向应力小于 300kPa 时，随着水泥掺入比的增加，残余抗剪强度先变大而后变小；当法向应力为 400kPa 时，残余抗剪强度随着水泥掺入比的增加而不断变大。产生上述变化的原因，是因为当水泥掺入比较大时，在水泥水化反应进行的较为充分时，固化土各组分胶结紧密，当发生剪切破坏后，黏聚力基本丧失，残余抗剪强度主要源于剪切带的摩擦作用，而决定摩擦力大小的因素有两个，一是法向应力，二是摩擦系数。在摩擦系数保持不变的情况下，剪切面的摩擦力与法向应力成正比关系，从而表现出高法向应力、高残余抗剪强度的变化特征。在法向应力保持不变的情况下，剪切面的摩擦力与摩擦系数成正比关系。在掺砂量一定的情况下，当水泥掺入比较低时，胶结相对较弱，剪切破坏属塑性破坏，破坏后具有一定的残余黏聚力，与剪切面摩擦力一同构成残余抗剪强度；当水泥掺入比较高时，胶结相对较强，剪切破坏类似刚性破坏，破坏后残余强度大部分源于剪切面的摩擦力。上述原因是导致图 5-9 中固化土抗剪强度以及残余抗剪强度随水泥掺入比先增大后减小的原因。

5.3.6　水泥掺入比对 c、φ 值的影响

根据表 5-5 和表 5-6 的试验数据，利用式(5-5)可求得不同水泥掺入比下固化土的抗剪强度指标为 c_q、φ_q，以及残余抗剪强度指标 c_{q_R}、φ_{q_R}，计算结果如表 5-7 所示，并可绘制成如图 5-18 的抗剪强度指标随水泥掺入比的变化关系曲线。

表 5-7　固化土的抗剪强度指标 c_q、φ_q 值

水泥掺入比	10%	15%	20%
c_q/kPa	304	500	991
φ_q/°	48	60	60
c_{q_R}/kPa	74	214	66
φ_{q_R}/°	58	66	70

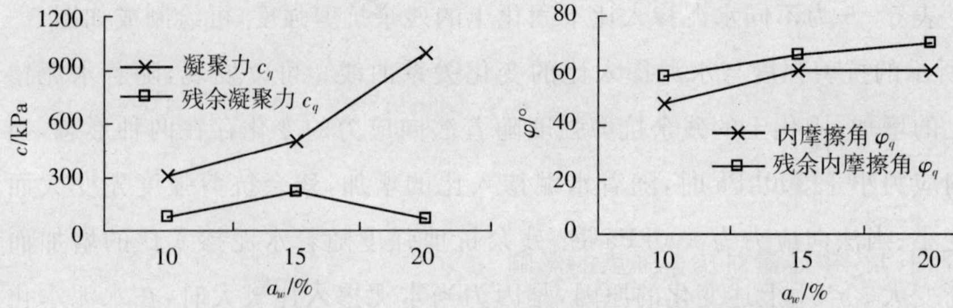

(a) T=28d, ω=47.5%, a_s=15%　　(b) T=28d, ω=47.5%, a_s=15%

图 5-18　固化土(残余)c、φ 与水泥掺入比的关系

由图 5-18 可知，随着水泥掺入比的增加，固化土的黏聚力 c_q 增加，当水泥掺入比较高时这种趋势更为明显。在本文试验的水泥掺入比范围内，可用指数函数描述上述变化，具体可表示为 $c_q = 90.401e^{11.82a_w}$，$R^2 = 0.99$。这是因为水泥掺入比越高，生成的水泥水化物含量越多，对固化土中各组成胶结越充分，胶结越紧密，具有较高的整体性，因此具有较高的黏聚力。内摩擦角 φ_q 同样随着水泥掺入比的增加而增加，但是增加幅度低于水泥掺入比对黏聚力的影响，15%的掺砂量下，水泥掺入比超过 15%后，内摩擦角 φ_q 基本保持不变。

但是，随着水泥掺入比的增加，残余黏聚力 c_{q_R} 先增大后减小，甚至基本丧失，而残余内摩擦角 φ_{q_R} 比内摩擦角 φ_q 平均高约 15%。这种变化趋势，证明了上节关于残余抗剪强度随水泥掺入比变化的分析，较低的水泥掺入比下，固化土呈塑性破坏特征，残余抗剪强度源于剪切破坏带的黏结作用以及摩擦作用；高水泥掺入比下，固化土呈刚性破坏特征，残余抗剪强度主要源于剪切破坏带上的咬合与摩擦作用。

5.4　三轴 CU 抗剪强度特性

固化土的抗剪强度特性是固化土的重要力学性质之一，在实际工程运用中，抗剪强度指标(c、φ)是十分重要的设计参数。因此，在无侧限抗压强度试验的基础上，通过对不同配比的固化土进行三轴 CU 压缩试验，研究其抗剪强度特性。由于固化土的抗剪强度指标受配比影响，因此通过本节的研究，可以对水泥砂浆固化土的强度特性以及变化规律有一个清晰明确的了解，从而为实际工程运用奠定基础。影响水泥砂浆固化土抗剪强度指标的因素多且复杂，本节将分别从掺砂量、水泥掺入比、砂料粒径、原料土含水率等几个基本因素进行分析。

5.4.1　掺砂量对抗剪强度的影响

图 5－19 以及图 5－20 为水泥掺入比一定时，掺砂量、最大偏应力以及围压三者之间的关系。为描述掺砂量对固化土强度的提高效率，定义掺砂量对水泥砂浆固化土偏应力的贡献率为 $\Delta(\sigma_1-\sigma_3)$ 为：

$$\Delta(\sigma_1-\sigma_3)=\frac{(\sigma_1-\sigma_3)_{a_s}-(\sigma_1-\sigma_3)_0}{(\sigma_1-\sigma_3)_0}\times100\% \tag{5-8}$$

式中，$(\sigma_1-\sigma_3)_0$ 为掺砂量等于 0％时的最大偏应力，$(\sigma_1-\sigma_3)_{a_s}$ 为不同掺砂量下固化土的最大偏应力。根据式(5－8)对图 5－19(a)中各数据进行计算，结果如图 5－19(b)所示。

不同围压下固化土的最大偏应力的变化规律较复杂，但是总体上随着掺砂量的增加而不断变大。其中，掺砂量为 60％的实际龄期为 82d，造成最大偏应力较大。掺砂量在 0％～45％之间时，各级围压下，掺砂量由 0％增加至 10％时，最大偏应力增加最大，后者约是前者的 1.3 倍，当掺砂量超过 10％后，固化土的最大偏应力在呈现微弱跳跃变化，总体可认为变化不大，各掺砂量下(20％、30％、45％)固化土的最大偏应力约是掺砂量为 0％时的 1.1～1.2 倍。

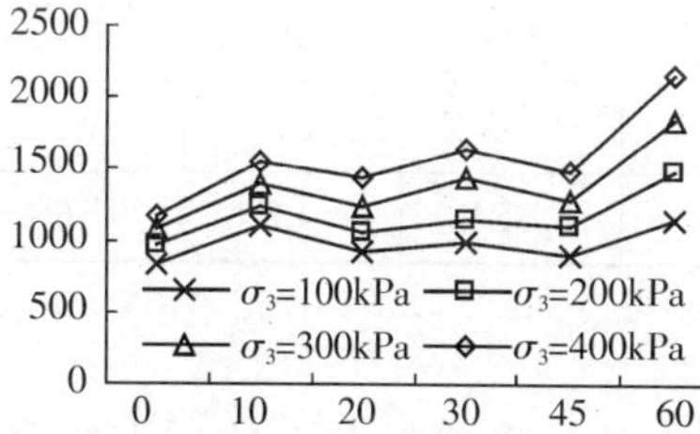

(a) T=608d, ω=47.5%, a_w=15%

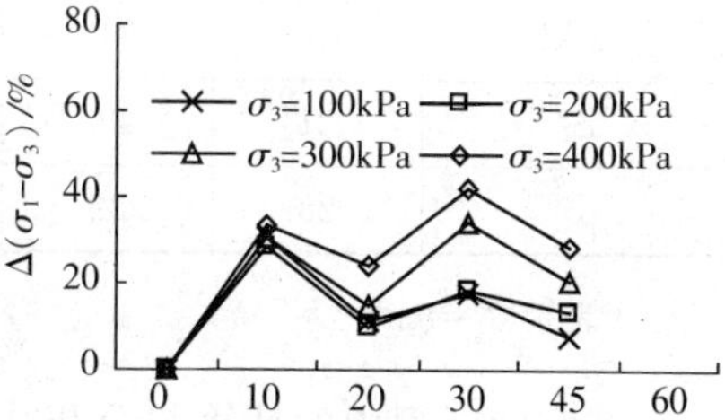

(b) T=608d, ω=47.5%, a_w=15%

图 5－19　掺砂量与最大偏应力的关系

当掺砂量一定时，水泥砂浆固化土的最大偏应力随围压的提高而不断变大，这与一般土体的三轴 CU 试验结论一致。采用式(5－1)计算掺砂量增加对强度提高的贡献率，可以发现，随着掺砂量的增加，对强度增长的贡献率不断降低。图 5－20 中各掺砂量下最大偏应力与围压的关系，同样证明了上述结论。因此，该结论进一步证明，仅仅依靠提高掺砂量来提高固化土的强度，在实际工程中是不经济的。

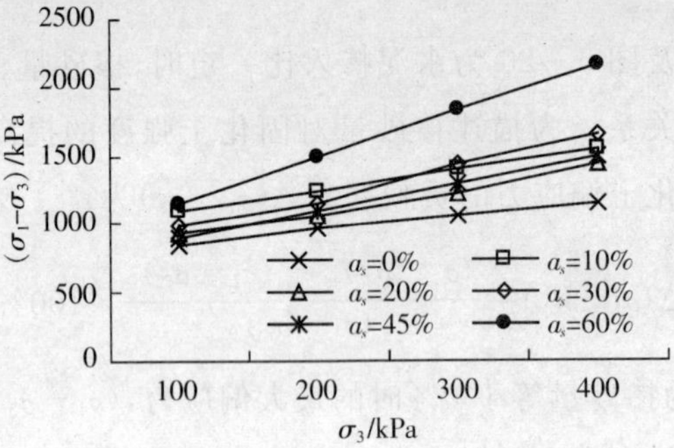

图 5－20　$T=60$d，$\omega=47.5\%$，$a_w=15\%$不同掺砂量下最大偏应力与围压的关系

表 5－8 为龄期 60d、含水率 47.5%、水泥掺入比 15%、水泥砂浆固化土三轴 CU 压缩试验 c、φ 以及 c'、φ' 值。各参数均为正值，φ' 比 φ 大，c' 比 c 小，与一般土体的三轴 CU 试验规律相似。

表 5－8　不同掺砂量下固化土三轴 CU 试验的 c、φ 以及 c'、φ' 值

($T=60$d，$\omega=47.5\%$，$a_w=15\%$)

a_s /%	0	10	20	30	45	60*
c/kPa	255	298	229	202	205	198
c'/kPa	190	245	180	141	58	56
φ/°	21	26	27	32	31	35
φ'/°	28	32	31	38	43	46

* 表示 $T=82$d。

在实际工程中的计算与分析中，采用有效强度指标和有效应力的分析方法更切合实际。但是工程中的超静水压力很难准确计算和量测，因而很多情况下仍采用总应力分析计算方法，并按照近似条件采用固结不排水(CU)或不固结不排水(UU)三轴试验的抗剪强度指标。根据前文的分析，

水泥砂浆固化土实际上属于不饱和土，因此常规三轴 CU 压缩试验确定的有效强度指标仅做参考。从理论上来讲，常规三轴 CU 压缩试验下确定的有效强度指标偏小，如用于实际工程，也是偏于安全的。

由图 5-21 可知，不管是采用总应力法还是有效应力法分析，强度指标随着掺砂量的增加呈规律变化。总体而言，(有效)黏聚力随着掺砂量的增加先增加后减小，转折点的掺砂量为最优掺砂量，而(有效)内摩擦角则随着掺砂量的增加不断增加。

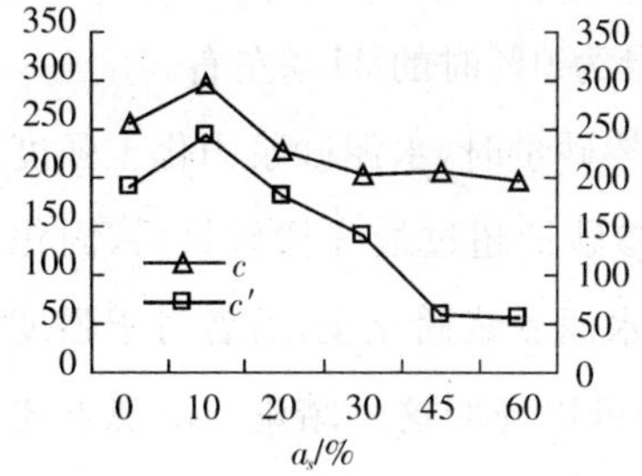

(a) T=60d，ω=47.5%，a_w=15%

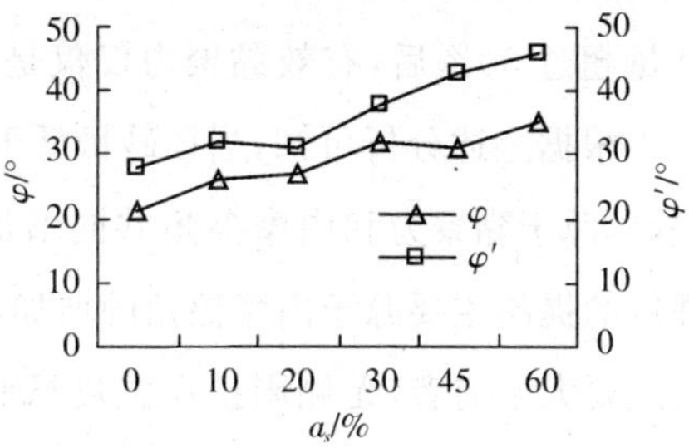

(b) T=60d，ω=47.5%，a_w=15%

图 5-21　固化土的 c、φ 值与掺砂量的关系

从总应力法计算的强度指标上来看，当掺砂量由 0% 增至最优掺砂量 10% 时，黏聚力约增加 16%，内摩擦角约增加 24%。当掺砂量超过最优掺砂量后，黏聚力不断降低，扣除养护龄期异常的 60% 掺砂量数据，黏聚力与掺砂量可用对数函数进行拟合；内摩擦角则随着掺砂量的增加基本呈线性增加，掺砂量由 0% 增加至 60% 时，内摩擦角与掺砂量之间可用线性函数进行拟合，式(5-9)为总应力法计算的黏聚力、内摩擦角与掺砂砂量之间的拟合函数。

$$\begin{aligned} &c=-71.236\ln(a_s)+290.1;a_s\in[10\%,45\%],R^2=0.92 \\ &\varphi=3.7143a_s+23.333;a_s\in[0,60\%],R^2=0.94 \end{aligned} \tag{5-9}$$

从有效应力法计算的强度指标来看，当掺砂量由 0% 增至最优掺砂量 10% 时，有效黏聚力约增加 29%，内摩擦角约增加 14%，当超过最优掺砂量后，有效黏聚力不断降低，扣除养护龄期异常的 60% 掺砂量数据，有效黏聚力与掺砂量同样可用对数函数进行拟合；内摩擦角则随着掺砂量的增加基本呈线性增加，掺砂量由 0% 增加至 60% 时，内摩擦角与掺砂量之间同样可用线性函数进行拟合。式(5-10)为总应力法计算的黏聚力、内摩擦角与掺砂量之间的拟合函数。

$$c'=-125.16\ln(a_s)+255.44;a_s\in[10\%,45\%],R^2=0.93$$
$$\varphi'=2.5714a_s+19.667;a_s\in[0,60\%],R^2=0.92 \tag{5-10}$$

因此，水泥土中掺入适量的砂(低于最优掺砂量)，可以同时提高(有效)黏聚力和(有效)内摩擦角，进而提高固化土的强度。水泥土中掺入过量(>10%)的砂，内摩擦角继续增加，黏聚力则有所下降；当掺砂量超过20%后，黏聚力是掺砂量为0%时的80%左右，而有效黏聚力则大幅度回落；当掺砂量超过30%后，有效黏聚力仅仅是掺砂量为0%时的31%左右。

根据上述分析可知，当掺砂量低于最优掺砂量时，水泥砂浆固化土强度的提高，源于黏聚力和内摩擦角共同增加；当掺砂量超过最优掺砂量后，固化土强度的提高主要源于内摩擦角的增加，对于水泥砂浆固化土，后者对于强度的贡献要大于前者，无侧限抗压强度试验结论可以证明这一结论。出现上述变化规律的原因，可能和产生直接剪切试验中相关变化规律的原因一致。

当然，由于试验条件的限制以及对水泥砂浆固化土认识的不足，对于有效强度指标的变化规律，仍有待于进一步深入的研究。

5.4.2 水泥掺入比对抗剪强度的影响

在一定的掺砂量下，水泥掺入比仍是控制固化土强度变化的一个重要因素。图5-22为不同水泥掺入比下，固化土最大偏应力与围压之间的关系。

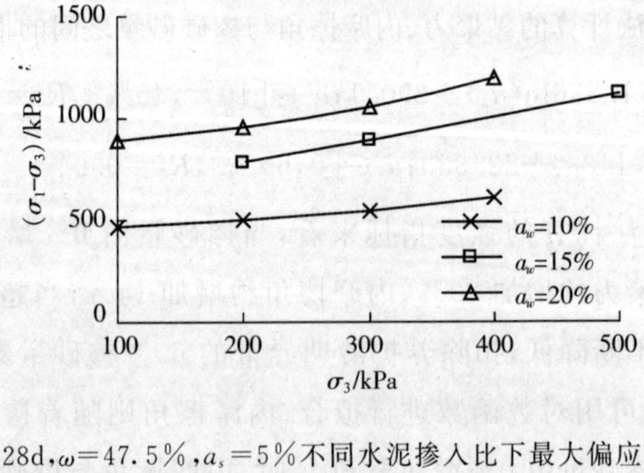

图5-22　$T=28\text{d},\omega=47.5\%,a_s=5\%$不同水泥掺入比下最大偏应力与围压的关系

一定水泥掺入比下，最大偏应力与围压基本呈线性增加，但增加幅度随

水泥掺入比的变化略有差异。此外，围压一定时，随着水泥掺入比的增加最大偏应力不断增加，当水泥掺入比由10%增至15%时，最大偏应力约增加60%；当水泥掺入比由15%增加至20%时，最大偏应力约增加20%。可见，提高水泥掺入比可有效提高固化土的强度。

表5-9为龄期28d、含水率47.5%、掺砂量15%、水泥掺入比不同、固化土三轴CU压缩试验的c、φ以及c'、φ'值，各指标均为正值，φ'比φ大，c'比c小。c、φ值与水泥掺入比的关系如图5-23所示，与前节相同，有效强度指标仅做参考，如用于实际工程，是偏于安全的。

表5-9　不同掺砂量下固化土三轴CU试验的c、φ以及c'、φ'值

(T=28d，ω=47.5%，a_s=15%)

a_w/%	10	15	20
c/kPa	171	201	274
c'/kPa	112	142	108
φ/°	12	20	22
φ'/°	27	31	39

采用总应力法计算强度指标时，随着水泥掺入比的增加，黏聚力以及内摩擦角均随之增加。水泥掺入比为15%的固化土，黏聚力较水泥掺入比为10%时增加18%，内摩擦则增加67%；水泥掺入比为20%的固化土，黏聚力较水泥掺入比为15%时增加36%，内摩擦则增加10%。二者与水泥掺入比均呈指数关系：$c=131.79e^{0.2357a_w}$，$R^2=0.9681$；$\varphi=22.126e^{0.1839a_w}$，$R^2=0.9798$。可见，一定掺砂量下，水泥掺入比的增加，可大幅度提高黏聚力，而对内摩擦角的提高幅度较小。上述变化关系与水泥的硬化机理有关，水泥掺入比越高，水泥水化物量越大，胶结填充作用越显著，从而导致黏聚力的大幅度提高。

采用有效应力法计算强度指标时，随着水泥掺入比的增加，有效黏聚力先增加，然后小幅下降，而有效内摩擦角则不断增加。对于有效黏聚力，水泥掺入比由10%增至15%时，约增加27%；由15%增加至20%时，又返回至10%的水平，上述变化可能与砂料的掺入有关，但考虑到未进行平行试验，因此有待于进一步进行试验认证。对于有效内摩擦角，水泥掺入比由10%增至15%时，内摩擦角约增加15%；由15%增加至20%时，约增加

26%。因此，一定掺砂量下，提高水泥掺入比，可以进一步改善固化土的有效强度参数。

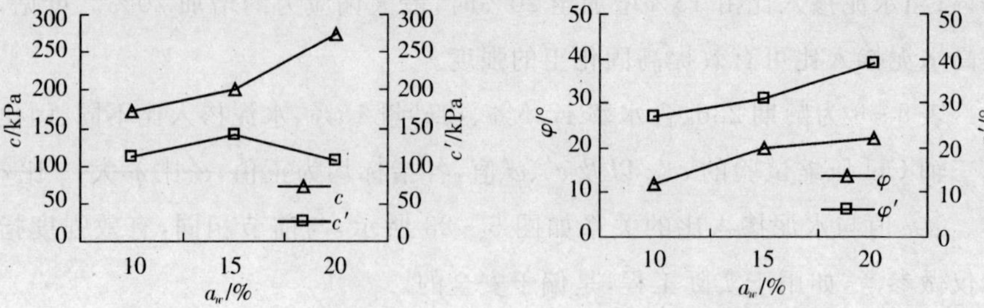

(a) T=28d，ω=47.5%，a_s=15%　(b) T=28d，ω=47.5%，a_s=15%

图 5－23　固化土的 c、φ 值与水泥掺入比的关系

5.4.3　含水率对抗剪强度的影响

含水率是土体三相物质中最活跃也是最不确定的一个因素，含水率的变化将直接影响整个土体的稠度状态、饱和程度以及结构程度等一系列物理力学性质，因此，含水率是研究土体必不可少的一项指标。对于水泥砂浆固化土，原料土含水率同样是影响固化土抗剪强度的重要因素。图 5－24 为不同含水率的固化土最大偏应力与围压的关系。

由图 5－24 可知，随着原料土含水率的增加，固化土最大偏应力不断降低，当原料土含水率由 47.5%增加至 56%时，最大偏应力降低约 24%，由 56%增加至 65%时，约降低 27%。可见，一定的水泥掺入比和掺砂量下，原料土含水率对固化土强度的影响较大。

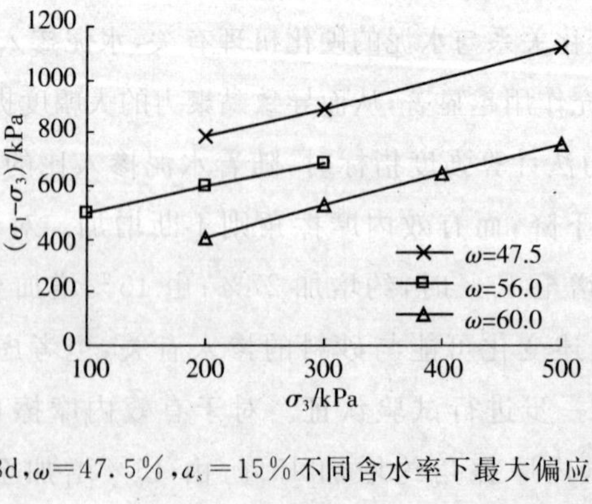

图 5－24　T＝28d，ω＝47.5%，a_s＝15%不同含水率下最大偏应力与围压的关系

表 5 - 10 为龄期 28d、掺砂量 15%、水泥掺入比 15%、而原料土含水率不同的固化土三轴 CU 压缩试验的 c、φ 以及 c'、φ' 值。与前节相同，有效强度指标仅做参考。

表 5 - 10　不同含水率下固化土三轴 CU 试验的 c、φ 以及 c'、φ' 值

（$T=28\mathrm{d}, a_w=15\%, a_s=15\%$）

w/%	47.5	56	65
c/kPa	191	145	60
c'/kPa	142	79	34
φ/°	21	19	21
φ'/°	32	36	35

众多试验研究表明[22]，不同的含水率下，土体内摩擦角基本不变，而黏聚力随着含水率的增加而减小。水泥砂浆固化土的变化规律与一般土相似，如图 5 - 25 所示，黏聚力与含水率近似线性减小的关系。

采用总应力法计算强度指标时，随着原料土含水率的增加，黏聚力显著降低，而内摩擦角基本保持不变。原料土含水率由 47.5%增至 56%时，黏聚力降低 24%；含水率由 56%增至 65%、黏聚力降低 59%，而内摩擦角保持在 20°左右。

采用有效应力法计算强度指标时，随着原料土含水率的增加，有效黏聚力不断降低，有效内摩擦角基本保持不变。原料土含水率由 47.5%增至 56%时，有效黏聚力降低 44%；含水率由 56%增至 65%时，有效黏聚力降低 57%，而有效内摩擦角保持在 33°左右。

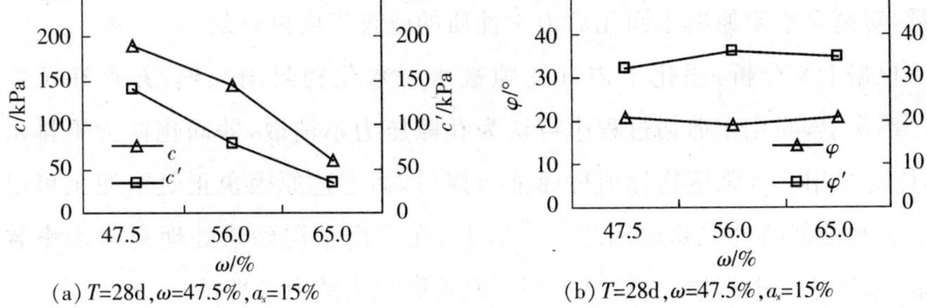

(a) T=28d, ω=47.5%, a_s=15%　　(b) T=28d, ω=47.5%, a_s=15%

图 5 - 25　固化土的 c、φ 值与水泥掺入比的关系

为探索处理高含水率软土的方法，在其他条件不变的前提下，将掺砂量提高至20%，旨在研究通过单一提高掺砂量，达到改善高含水率固化土力学性能的可行性。图5-26为水泥掺入比一定，含水率不同，掺砂量分别为15%、20%的固化土最大偏应力与围压之间的关系。由图可知，在其他各因素不变的条件下，掺砂量由15%增加至20%时，56%含水率时的最大偏应力增加约10%；65%含水率时的最大偏应力增加约49%，可见，掺砂量的小幅增加，对高含水率软土强度的提高尤为显著。

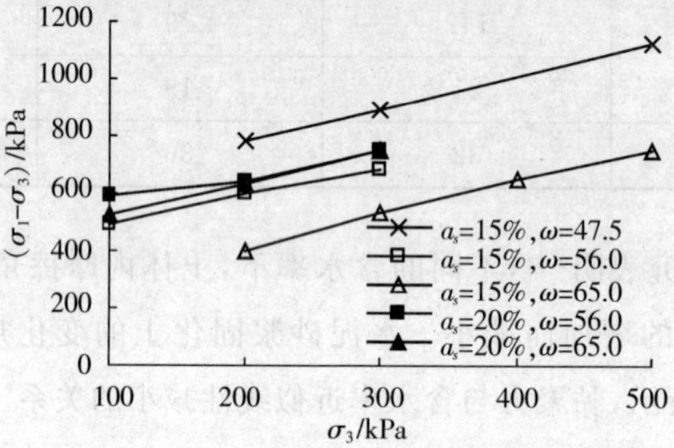

图5-26　$T=28d, a_w=15\%$不同含水率下掺砂量变化时的最大偏应力与围压的关系

图5-27为龄期28d、水泥掺入比15%、原料土含水率变化的固化土总应力强度参数与有效应力强度参数。由图可见，掺砂量的小幅增加，采用总应力法计算强度指标时，黏聚力大幅增加，内摩擦角小幅增加，56%含水率时黏聚力提高26%，65%时黏聚力提高138%，内摩擦角约提高5%；采用有效应力法计算强度指标时，有效黏聚力、有效内摩擦均一定程度增加，56%含水率时有效黏聚力提高4%，65%时有效黏聚力提高44%，56%含水率时有效内摩擦角提高6%，65%时有效内摩擦角提高14%。可见，小幅增加掺砂量，对高含水率原料土固化后力学性质的改善程度更有效。

根据上文分析，固化土内部孔隙被水泥水化物封闭充填，并存在负空压。事实上，固化土剪切过程中可认为孔隙压力不消散，即固化体为不排水体，因此采用有效强度指标值得商榷与探讨，而上述原因也正是水泥土可以用于止水帷幕的最重要原因之一。因此，在采用水泥砂浆处理高含水率软弱地基时，适当提高掺砂量，可大幅度改善固化土的力学性质。

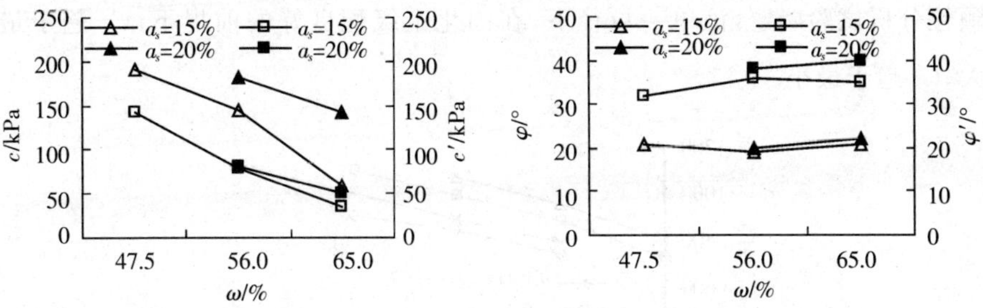

(a) T=28d, a_w=15%　　(b) T=28d, a_w=15%

图 5-27 不同含水率下掺砂量变化时的 c、φ 值与水泥掺入比的关系

5.4.4 砂料粒对抗剪强度的影响

根据固化土粒径级配曲线图 4-6(a)可知，砂料粒径变化，对固化土的粒径级配存在一定影响。无侧限抗压强度试验发现，粒径变化对无侧限抗压强度影响较小。为进一步探讨粒径对固化土力学性质的影响，对掺料粒径不同的固化土进行了三轴 CU 压缩试验。图 5-27 为不同砂料粒径下，固化土最大偏应力与围压的关系。

图 5-28 清晰地反映了砂料粒径变化对固化土抗剪强度的影响。总体而言，随着砂料粒径的增加，各级围压下固化土最大偏应力逐渐增大。采用 ISO 砂的固化土，最大偏应力的大小在采用 0.075～0.25mm 粒径的固化土与采用 0.25～0.5mm 粒径的固化土之间；采用 0.25～0.5mm 粒径的固化土的最大偏应力较 0.25～0.5mm 粒径的固化土约高 29%，而 0.5～1mm 粒径与 0.25～0.5mm 粒径却相差不大。由前章可知，砂料粒径的变化对固化土粒径级配的影响由不均系数 C_u 以及曲率系数 C_c 反映。随着粒径的增加 C_u 不断增加，C_c 不断减小，但是当粒径超过 0.25～0.5mm 后，C_u、C_c 值基本保持不变，而 ISO 砂的 C_u 最大，C_c 最小。根据砂土的标准，采用单一粒径时，固化土均属于级配良好，随着粒径增加，固化土越来越趋于不均匀；采用 ISO 砂时，$C_c=0.8$，固化土属级配不良，但是 $C_u=7.2$，较其他各单一粒径要大，这可能是导致采用 ISO 砂时的固化土强度大于单一粒径 0.075～0.25mm 的原因。

由上可见，对于特定的原料土，从固化土各级最大偏应力来看，采用单一粒径砂料的固化土抗剪强度更高，而单一粒径的确定，可以根据固化土的颗粒分析试验确定，该单一粒径下，在固化土级配良好的前提下，C_u 趋于最大、C_c 趋于最小。

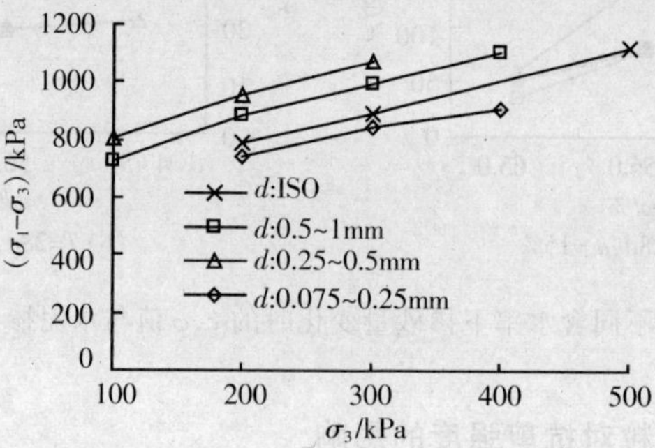

图 5-28　$T=28\text{d}$，$\omega=47.5\%$，$a_w=15\%$，$a_s=15\%$砂料粒径变化时的最大偏应力与围压的关系

表 5-11 为龄期 28d、原料土含水率 47.5%、掺砂量 15%、水泥掺入比 15%、砂料粒径不同的固化土三轴 CU 压缩试验的 c、φ 以及 c'、φ' 值。相应的图件如图 5-29 所示，其中有效强度指标仅做参考。

表 5-11　不同含水率下固化土三轴 CU 试验的 c、φ 以及 c'、φ' 值

（$T=28\text{d}$，$a_w=15\%$，$a_s=15\%$）

d/mm	ISO	0.5～1	0.25～0.5	0.075～0.25
c/kPa	191	206	225	219
c'/kPa	142	12	63	119
φ/°	21	23	23	16
φ'/°	32	46	45	34

由图 5-29 可知，在掺料配比一定的情况下，砂料粒径对固化土的抗剪强度指标存在一定的影响。总体而言，随着砂料粒径的减小，（有效）黏聚力不断增加，（有效）内摩擦角不断降低。

采用总应力法计算强度指标时，随着砂料粒径的减小，黏聚力有所增加，但是幅度较小，各粒径下固化土的黏聚力较 ISO 砂有所提高，粒径由大到小依次提高 8%、18%、15%。但对于内摩擦角，ISO 砂、0.5～1mm 砂、0.25～0.5mm 砂三者相比，后二者较前者约大 9%，而 0.075～0.25mm 砂则明显降低,与ISO砂相比,下降了约24%。

采用有效应力法计算强度指标时,随着砂料粒径的减小,有效黏聚力不断增加,但均小于ISO砂时的有效黏聚力。采用0.5~1mm砂时,有效黏聚力较小,约为12kPa,随着粒径的降低,有效黏聚力迅速增大,0.25~0.5mm时为63kPa,是前者的5倍以上,0.075~0.25mm时为119kPa。有效内摩擦角则随着砂料粒径的减少而不断降低,但均大于ISO砂时的有效内摩擦角,0.5~1mm砂时较ISO提高40%;0.25~0.5mm砂时提高36%;0.075~0.25mm砂时则与ISO砂相近。

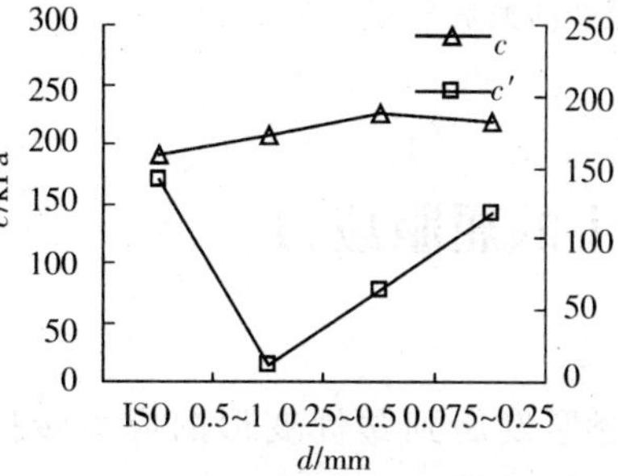

(a) T=28d, ω=47.5%, a_w=15%, a_s=15%

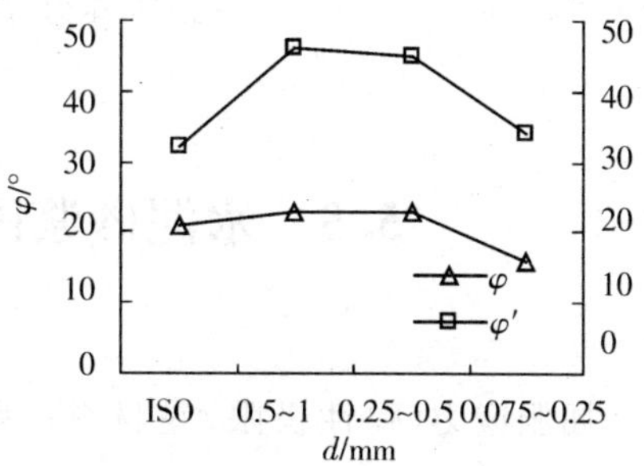

(b) T=28d, ω=47.5%, a_w=15%, a_s=15%

图5-29　砂料粒径变化时的c、φ值与水泥掺入比的关系

上述变化说明,砂料粒径的变化,对固化土的内部结构均存在一定的影响。从总应力法计算的强度指标来看,砂料粒径主要对固化的内摩擦角存在显著影响,粒径越大,内摩擦角越大;粒径越小,内摩擦角越小,甚至低于ISO砂时的内摩擦角。可见,砂料粒径对剪破面的摩擦系数存在影响,粒径越大,摩擦系数越大;粒径越均匀,摩擦系数越大。从有效应力法计算的强度指标来看,有效黏聚力的大幅度变化,与固化土的内部结构有关,在$\sigma_3=$ 200kPa时,不同粒径下三轴CU压缩试验中固化土的孔隙水压力变化如图5-30所示,峰值孔隙水压力相差不大,但随着粒径的增加,峰值后孔隙水压力下降幅度不断增大,甚至出现负孔隙水压力,反映出固化土的剪涨效应越明显。其他围压下,同样存在如上变化趋势。出现上述变化的原因,可能是砂料粒径变大,剪切过程中需要克服更大的“咬合力”,在克服过程中产生了较大的裂隙,具体机理仍有待于进一步深入研究。

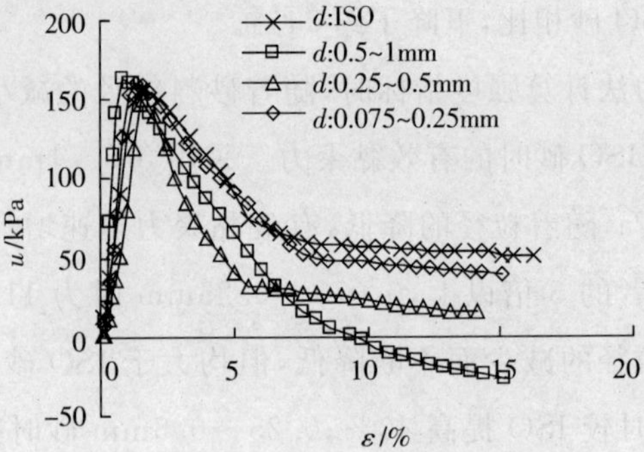

图 5-30　$T=28\text{d}, a_w=15\%, a_s=15\%, \sigma_3=200\text{kPa}$ 砂料粒径变化时的孔隙水压力与轴向应变的关系

5.5　水泥砂浆固化土的屈服应力

屈服应力(弹性极限)是材料由弹性变形发展到塑性变形的应力转折点,根据水泥砂浆固化土的相关试验,分别对无侧限抗压强度试验以及三轴压缩试验中屈服应力进行分析。

5.5.1　无侧限抗压强度试验的屈服应力与抗压强度的关系

单轴应力应变曲线由线性转变为非线性的应力,称为弹性极限应力,当荷载小于弹性极限应力时,固化土变形处于线性变形阶段,发生弹性变形;当荷载大于弹性极限应力时,固化土变形处于非线性变形阶段,发生弹塑性变形。

原料土含水率为47.5%、水泥掺入比为15%的固化土,在无侧限抗压强度试验中,屈服应力与掺砂量的关系如图5-31所示。对照图5-4(b),二者较为相似,随着掺砂量的增加,固化土的屈服应力不断增加,当掺砂量增至最优掺砂量 $a_s=10\%$ 时,固化土的屈服应力最大,然后随着掺砂量的增加,固化土屈服应力缓慢降低;当掺砂量大于45%~60%时,屈服应力又有所回升。此外,随着龄期的延长,屈服应力随龄期降低越明显,但总体上变化不大,最大不超过20%。根据不同龄期不同掺砂量的屈服应力,计算了相应的弹性模量，如图5-32所示。各龄期下，随着掺砂量的增加，总体上固化土的弹性模量呈阶段性变化，当小于最优掺砂量时，弹性模量显著增加，体现出砂料改善水泥土强度与变形特性的优越性能；当超过最优掺砂量后，弹性模量迅速回落，这种趋势在龄期较大时更为明显；随后，固化土的弹性模量开始缓慢上升。

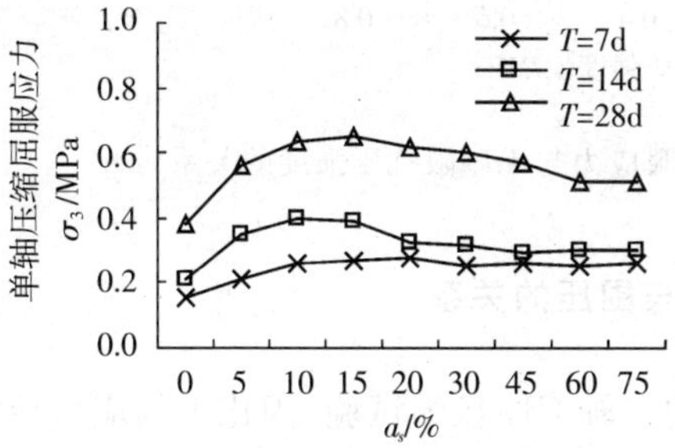

图5-31 $\omega=47.5\%, a_w=15\%$

屈服应力与掺砂量的关系

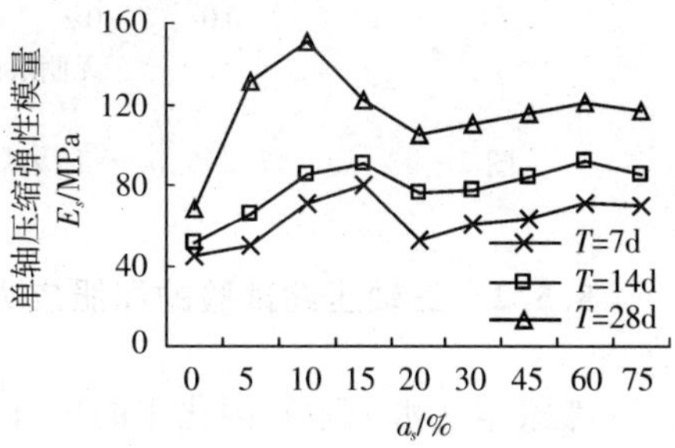

图5-32 $\omega=47.5\%, a_w=15\%$

弹性模量 E_s 与掺砂量的关系

由于较多固化土的无侧限抗压强度曲线类似“S”形，加载初期存在明显的压密过程。此外，受试验条件以及试验环境的影响，加之固化土拌和均匀性的差异，对于上述屈服应力、弹性模量与掺砂量之间的相互关系以及掺砂量的影响机理，还有待于进一步研究，但可以肯定的是，对于一定的软土，采用水泥固化时掺入适量的砂料（如最优掺砂量），可以改善固化土的强度与变形特性。但是在水泥掺入比一定的情况下，改善的程度并非随着掺砂量的提高而正比增加，而是存在一个最优掺砂量。在最优掺砂量下，改善程度最大。

此外，无侧限抗压强度试验中，屈服应力（弹性极限应力）与无侧限抗压强度成正比关系。图5-33为水泥砂浆固化土的屈服应力与无侧限抗压强度的关系，二者呈线性增长关系，虽然受上述不利因素的影响，但是相关系数仍达0.95。因此，对于水泥砂浆固化土，可根据图5-33中拟合的关系式，估算固化土的屈服应力。

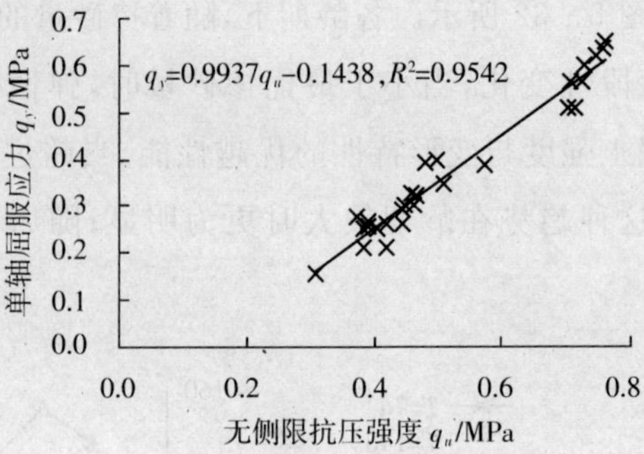

图 5-33 $\omega=47.5\%$，$a_w=15\%$屈服应力与无侧限抗压强度的关系

5.5.2 三轴压缩试验的屈服应力与围压的关系

考察本文水泥砂浆固化土的所有的三轴 CU 压缩试验，固化土的应力应变曲线一般经历初始压密后直接进入弹性变形阶段，随着应变的增加，应力应变曲线逐渐开始偏离直线，发生塑性变形。尽管应力应变曲线在偏离直线段时形成的折点不是十分明显，但可以认为固化土结构开始发生变化。Wong[118] 在研究胶结土时认为，应力应变曲线开始偏离直线时，薄弱的胶结带发生了破裂，导致土体内部结构发生变化，从而认为土体发生初始屈服。Taylor-Quinney 基于对金属材料的类似考虑，忽略应力应变曲线直线段的不可恢复变形，提出了采用外延法寻找折点作为屈服点。本文同样采用外延发寻找应力应变曲线的折点作为固化土的初始屈服点。

根据上述方法，得到了屈服应力与围压的变化关系，见图 5-34 所示。由图可见，不同掺砂量、不同水泥掺入比、不同含水率原料土的水泥砂浆固化土的屈服应力，随围压的增高而增加。由图 5-34(a)可知，掺入砂料后，屈服应力随围压增加的幅度较水泥土要大，产生上述变化的原因，主要源于砂料的置换作用、充填作用以及水泥的胶结作用和填充作用。从固化土的组成物质来讲，掺入的砂料增加了密度，提高了刚度，而水泥水化物的胶结充填，将固化土内主要的两种物质砂颗粒、土颗粒联结成整体，从而使得固化土的屈服应力获得提高，而掺砂量为 60%，龄期达 82d 的固化土，屈服应力随围压增加较其他各掺砂量均大，由此可以证明，龄期是影响水泥砂浆固化土屈服应力的一个重要因素，且随着龄期的延长，屈服应力随着围压增加的幅度越大。由图 5 - 34(b)、(c)可知，随着水泥掺入比的增加，屈服应力不断增加，且随着围压增加的幅度增大；随着原料土含水率的增加，屈服应力不断减小，而含水率一定时，屈服应力则随围压小幅线性增加。

根据上述分析，影响固化土屈服应力的主要因素有固化土的组成物质、水泥掺入比、原料土含水率以及龄期等。组成物质的密度变大，屈服应力增加，且随着围压提高增加幅度越大；水泥掺入比越高，屈服应力越大，且随着围压提高增加幅度越大；原料土含水率越高，屈服应力越小；龄期越大，屈服应力越大，随着围压提高，增加幅度越大。

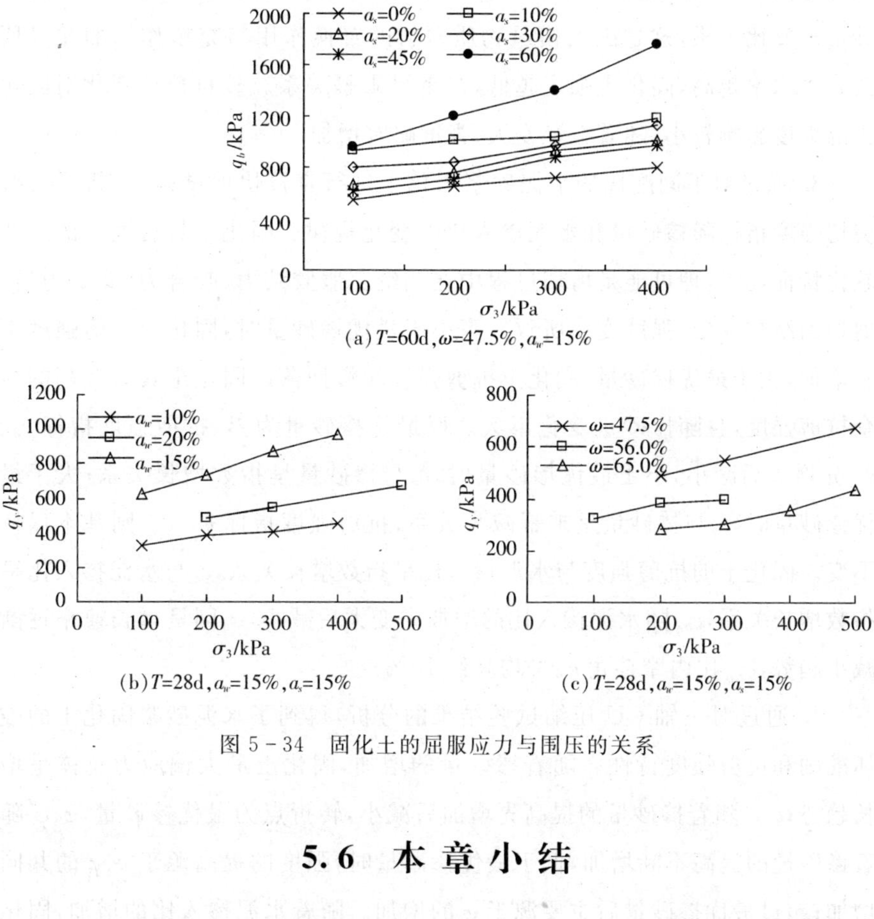

(a) T=60d, ω=47.5%, a_w=15%

(b) T=28d, a_w=15%, a_s=15%

(c) T=28d, a_w=15%, a_s=15%

图 5 - 34　固化土的屈服应力与围压的关系

5.6 本章小结

1. 水泥砂浆固化土的破坏模式主要包括脆性张裂破坏和塑性剪切破坏两种形式，主要与水泥砂浆固化土的内部结构相关。龄期越大，掺砂量越高，水泥掺入比越大，脆性张裂破坏越明显。围压越大，塑性变形越大，塑性剪切破坏越显著，塑性滑移面越明显，法面与试样轴向夹角 θ 越小。

2. 通过对不同配比的水泥砂浆固化土进行无侧限抗压强度试验，分析了无侧限抗压强度随掺砂量、龄期、水泥掺入比、含水率以及砂料粒径变化的规律。总体而言，水泥砂浆固化土强度较相应的水泥土高约 20%，并且存在一个最优掺砂量。该掺砂量下固化土强度最高，当掺砂量超过最优掺砂量时，强度基本保持不变。水泥砂浆固化土的早期强度远大于水泥土的早期强度，前者比后者高 40%以上，并且在低水泥掺入比时更为显著。水泥掺入比越高，固化土强度越大，二者呈指数增长关系，但水泥掺入比与最优掺砂量成反比关系，这是因大模量物质砂料的置换作用与充填作用的差异所致。含水率越高，固化土强度越低，二者呈乘幂关系。砂料粒径变化对固化土的强度影响较小，随着粒径变大，强度略有增加。

3. 通过对不同配比的水泥砂浆固化土进行直接快剪试验，分析了直接剪切强度指标随掺砂量和水泥掺入比的变化规律。固化土具有明显的应变软化特征，其机理可能是剪切过程中在相继克服胶结力、咬合力、摩擦力后，剪切面结构变松、强度变小所致。当小于最优掺砂量时，固化土抗剪强度不断增加，大于最优掺砂量，固化土抗剪强度缓慢回落。固化土具有较高的残余抗剪强度，且随掺砂量变化不大。以最优掺砂量为界，抗剪强度指标 c_q、c_{q_R} 先增大后减小，小于最优掺砂量时，c_q 与掺砂量呈指数增长关系；大于最优掺砂量时，c_q 与掺砂量呈乘幂减小关系；抗剪强度指标 φ_q、φ_{q_R} 则基本保持不变。固化土的抗剪强度与水泥掺入比呈指数增长关系，c_q 与水泥掺入比呈指数增长关系，c_{q_R} 随水泥掺入比的增加先变大后减小，φ_q 则呈增长速率逐渐减小趋势，φ_{q_R} 比内摩擦角 φ_q 平均高约 15%。

4. 通过对三轴 CU 压缩试验结果的分析，得到了水泥砂浆固化土的破坏准则和抗剪强度特性。随着掺砂量的增加，固化土最大偏应力总体呈增长趋势；c、c' 随着掺砂量的提高先增加后减小，转折点为最优掺砂量，φ、φ' 随着掺砂量的提高不断增加，低于最优掺砂量时，强度的提高源于 c、φ 的共同增加；超过最优掺砂量后主要源于 φ 的增加。随着水泥掺入比的增加，固化土强度增长幅度呈逐渐减小趋势，c、φ 与水泥掺入比呈指数增长关系，c 值增幅远高于 φ，但 c' 则先增后减，φ' 则呈增幅减小趋势。含水率与最大偏应力

以及 c、c'近似呈线性减小关系，φ、φ'基本不变，当原料土含水率较高时，适当提高掺砂量，可大幅改善固化土的强度特性。砂料粒径变化对固化土最大偏应力影响较小，但采用单一粒径砂料时则固化土抗剪强度稍有提高，这与固化土的粒径级配有关。砂料粒径越大，c、c'值越小，而 φ、φ'越大；对于黏聚力，c 降幅较小，而 c'降幅度较大，ISO 砂料则接近于较大值。

5. 通过无侧限抗压强度试验以及三轴 CU 试验，得到了屈服应力随掺砂量、水泥掺入比、含水率、无侧限抗压强度之间的关系。随着掺砂量的增加，屈服应力先增加后降低，其分界点为最优掺砂量，数据拟合显示，无侧限抗压强度与相应的屈服应力呈线性增长关系。围压越大，屈服应力越大；水泥掺入比越高，屈服应力越大；含水率越高，屈服应力越小；龄期越大，屈服应力越大。

6. 水泥砂浆固化土强度提高的原因，可能源于三个方面，一是砂料的填充作用和大模量物质的置换作用，在水泥水化物的胶结作用下，土颗粒和砂颗粒相互联结成整体，具有较高的密实性；二是在剪切过程中，剪切面上分布的砂料，提高了剪切面上的摩擦系数；三是剪切过程中，还需要克服因砂料分布在剪切面上而产生的咬合力。上述三种因素的共同作用，使得水泥砂浆固化土较水泥土具有更优越的性能。

第6章 基于生长函数的固化土本构模型研究

本书前面章节主要探讨了水泥砂浆固化土的物理力学特性，以及不同因素对水泥砂浆固化土物理力学特性的影响。实际工程应用中，特别是设计中，常常需要采用数值法对岩土体进行应力应变特性分析，但是在采用数值法分析之前，首先需要了解材料的特性，然后选择正确的本构关系。因此，通过对试验数据进行分析归纳，对试验得到的应力应变曲线进行综合判断，以选择合适的本构模型。因此，本章首先对水泥固化土的应力应变曲线特征进行深入分析，然后基于修正的 Logistic 函数建立适合水泥固化土的非线性三参数本构模型，给出了模型参数的求解方法，并通过实例对该模型进行了验证。

6.1 水泥固化土的应力应变曲线特征

大多数情况下，对于试验报告的土体应力应变曲线大多具有图 6－1(a)所示形式，过(0,0)点，单调递增，一阶可导，具有极值，破坏前应力应变曲线完全外凹，可分为弹性变形、塑性变形两个阶段。对于岩石等材料，其应力应变曲线更具有图 6－1(b)所示形式，过(0,0)点，单调递增，一阶可导，具有极值，应力应变曲线呈现“S”形，可分为压密变形、弹性变形、塑性变形三个阶段。

对于大部分岩土体的应力应变曲线形态，更多具有如图 6－1(b)所示的形态，其差异主要表现在压密变形程度即 OA 段的大小，对于大部分原状土体以及依据最大密实度制作的重塑土，内部(微)孔隙或(微)缺陷相对较少，因此压密阶段常常忽略不计。即使存在微弱压密阶段，在土工试验的数据采集与处理中，一般采用图 6-2 所示的坐标平移与数据剔除的方法来消除初始压密变形，由此产生的误差 $\Delta(\sigma_1-\sigma_3)$ 以及 $\Delta\varepsilon_a$ 则可忽略不计。

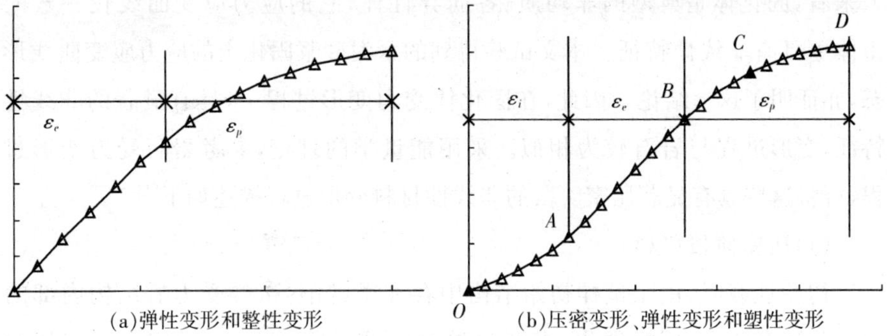

图 6-1　岩土体的应力应变曲线形态

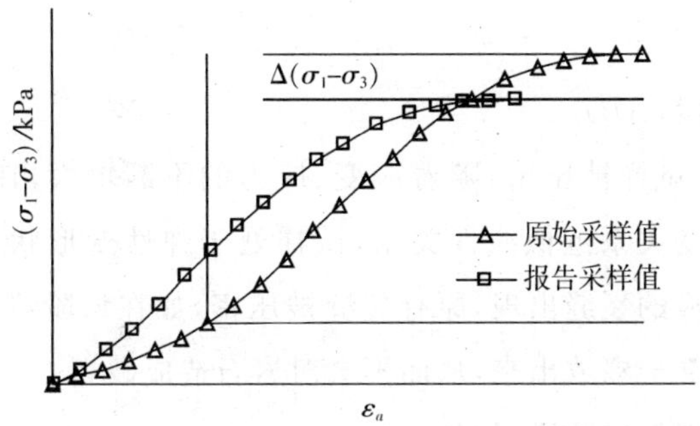

图 6-2　实测应力应变曲线的修正

事实上，我们在分析研究岩土体的应力应变关系时，潜在地沿用了经典连续介质力学的研究手段，承认研究对象为均匀连续体这一假设。然而，不管是岩体还是土体以及混凝土，前者受地质构造、沉积环境、沉积历史等影响，后者受施工技术、制作工艺等影响，内部结构并非均匀，常常分布原生的、次生的节理、裂隙、孔隙等，因而其物理力学性质实际上呈现非均质各向异性。因此岩土体的应力应变关系实际上是非线性的，但是如果忽略岩土体一定程度变形范围内的能量耗散效应后，则可近似地认为，该阶段为线弹性或者非线性弹性的，承认弹性变形是一个可逆过程，从而可以从应力应变曲线中划分出弹性变形 AB 阶段。

对于水泥固化土，同样如此。在采用水泥或水泥砂浆加固软土时，使用了机械的、物理的手段，扰动了软土的原状沉积构造，随着搅拌的进行，水泥、水、砂等物质的掺入，形成的混合体内或多或少存在(微)孔隙。从细观上来看，固化体是典型的非均质、各向异性体，它的应力应变曲线较一般的土体更具有非线性特征。本文试验得到的水泥砂浆固化土的应力应变曲线形态，亦证明了这一结论。因此，在固化体受力变形过程中，具有显著的非线性特征，变形过程与岩石较为相似。采用能量学的理论，参考岩石受力变形过程，可将这些具有显著压密阶段的非线性材料变形过程描述如下[119~122]：

(1)压密阶段(OA)

初始加载时，由于试样初始结构中存在微缺陷，试样受力后结构内部的微缺陷逐渐闭合，试样硬化，密度和弹性模量逐渐增大，造成应力应变初始曲线初始阶段呈下凹形状。在此过程中，试验仪器压缩试样，通过做功的方式对试样输入能量，部分转变为弹性势能储存在试样内部，部分使微缺陷闭合而做功消耗。

(2)弹性阶段(AB)

小幅加载后试样被压密，随着应变、应力的不断增大，在未达到屈服应力之前，应力应变关系近似线性关系，试样处于弹性变形状态，试样表面出现皱纹，但无明显的裂缝出现，原有裂缝被压密，如在该阶段卸载，变形可以完全恢复，能量又会释放出来，从而不会对岩石造成破坏。

(3)稳定破裂发展阶段(BC)

超过弹性极限点 B 以后，岩石进入塑性变形阶段，内部的微裂纹逐步发育、扩展。在此阶段试验仪器输入的能量一部分转化为弹性势能，另一部分能量转变为塑性势能。由于微裂纹的生成，试样又耗费了一定的表面能。此外还存在向外界释放的热能、电磁辐射、声发射能等形式的能量。在这一过程中，岩石的弹性能仍然占主要地位，而其他形式的能量转化虽然存在，但数量上较小。

(4)不稳定破裂发展阶段(CD)

此阶段微破裂的发展出现质的变化，应力集中效应更加显著。此阶段释放出的能量和 BC 阶段类似，然而弹性势能的存储减弱，各种辐射能和表面能大大增强。在这一过程中，因试验剪破而耗散的能量占很大的比例。

6.2　Duncan - Chang 模型简析

一般情况下，Duncan - Chang 双曲线模型可以较好地描述岩土应力应变曲线的非线性特征。但是需要指出的是，对压密变形阶段显著（应力应变阶段初始阶段下凹）、破坏后下降的应力应变曲线拟合效果不好。此外，由试验仪器数据采集精度较低引起的初始阶段完全线性弹性变形，拟合效果也较差，这是由该模型的数学性质决定，Duncan - Chang 双曲线模型的一般数学表达式为：

$$\sigma_1-\sigma_3=\frac{\varepsilon_1}{a+b\varepsilon_1} \tag{6-1}$$

式中，ε_1 为轴向应变；$1/a$ 为曲线的初始切线斜率（初始变形模量）；b 为双曲线的渐近线所对应的极限偏差应力 $(\sigma_1-\sigma_3)_{ult}$ 的倒数。对于单轴压缩曲线，$\sigma_3=0$。式(6-1)可以改写线性形式：$\frac{\varepsilon_1}{\sigma_1-\sigma_3}=a+b\varepsilon_1$，则可由试验数据确定参数 a 和 b 的值。图 6-3 为在本文试验中选取的部分试验数据采用 Duncan - Chang 双曲线模型拟合的曲线。

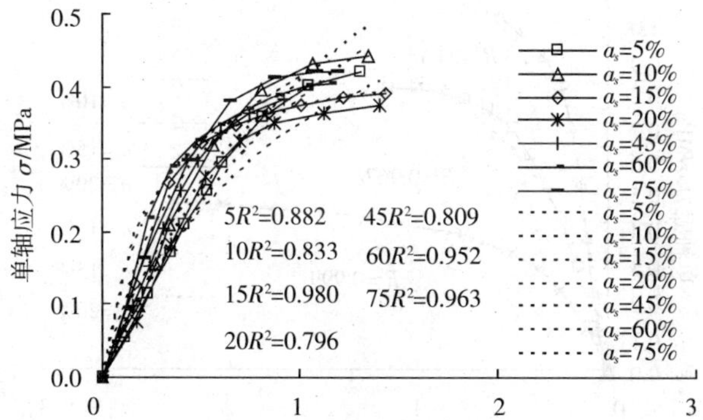

(a) T=7d，ω=47.5%，a_w=15%

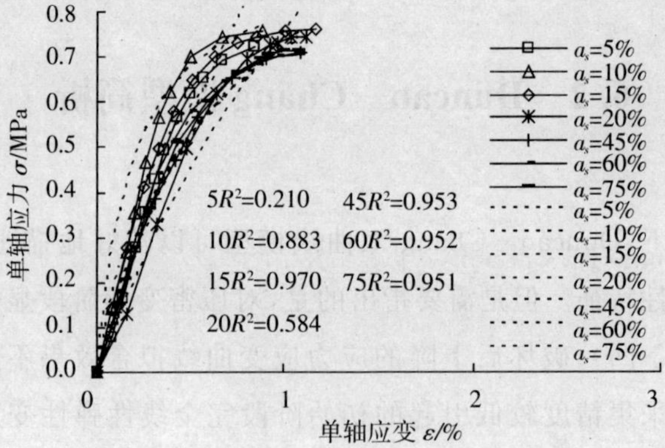

(b) T=28d, ω=47.5%, a_w=15%

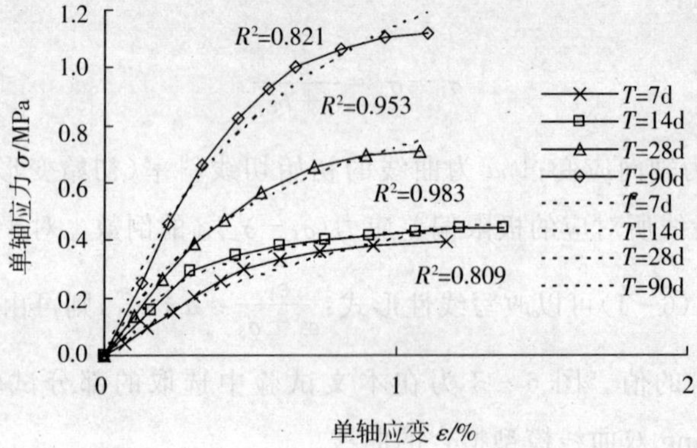

(c) ω=47.5%, a_w=15%, a_s=45%

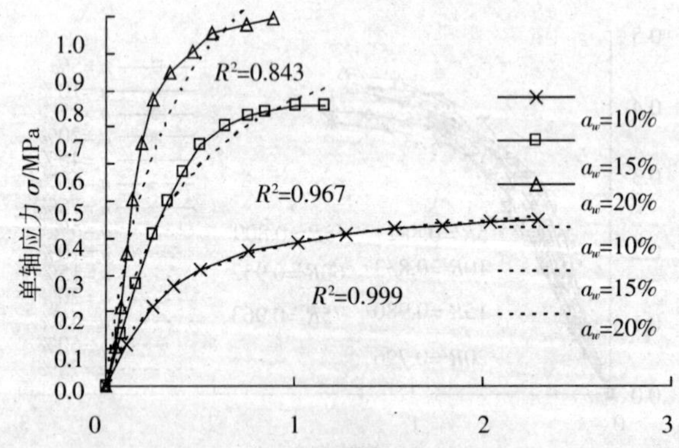

(d) T=28d, ω=47.5%, a_s=15%

图 6-3 固化土的单轴应力应变曲线拟合

本文中的所有试验曲线,均对初始压密阶段进行了一定的修正,基本剔除了压密过程。在修正的过程中发现,较多的情况下,压密阶段的剔除已经改变了固化土应力应变曲线的形态,剔除后的应力应变曲线已经不能真实地反映固化土的应力应变特性。但是,即使对压密过程进行了剔除,在采用 Duncan - Chang 双曲线模型拟合时,结果仍不能让人满意,甚至在部分情况下,Duncan - Chang 双曲线模型不能用于描述固化土的应力应变特性。这是因为,如果完全剔除压密阶段,那么在相应的求取参数 a 和 b 的 $\varepsilon_1/(\sigma_1-\varepsilon_1)$ 坐标系中,大多数情况下是一条近似平行于 ε_1 的直线,这是因为试样被压密后,材料发生硬化,在随后的加压过程中,材料表现出显著的线弹性变形;如果修正后的应力应变曲线保留微弱的压密过程,那么在相应的求取参数 a 和 b 的 $\varepsilon_1/(\sigma_1-\varepsilon_1)$ 坐标系中,是一条初始下凹的曲线,这是因为,在压密变形过程中,材料发生硬化,而非剪切,即压密过程中材料的模量是不断增大的。对于本文试验的水泥土或者水泥砂浆固化土,更具有后者描述的特征,这也是 Duncan - Chang 双曲线模型模拟水泥土或水泥砂浆固化土效果较差的根本原因。

事实上,在常规土工试验中,我们对采集的应力应变曲线,不允许在初始阶段出现下凹特征,因此采用图 6 - 2 中的方法,对原始采样值中的下凹数据进行剔除,得到报告值。但是水泥砂浆固化土这种特殊的混和材料,具有与岩石相似的物理特性,两者的区别在于岩石中存在的是节理、解理裂隙,而固化土则是其形成过程中因物理作用或者化学作用产生的(微)孔隙。因此压密阶段是水泥砂浆固化土受力变形过程中必然经历的一个阶段,很多情况下,如果剔除该阶段,将影响描述材料强度与变形特征参数的大小,因而修正后的应力应变曲线,已经不能真实地反映水泥砂浆固化土这种特殊材料在受力过程中的变形特性。此外,在尽可能地保持应力应变曲线特征的条件下进行压密阶段,则修正后的应力应变曲线仍将保持微弱的下凹特征,这也是图 6 - 3 中采用 Duncan - Chang 双曲线拟合效果较差的一个重要原因。因此需要建立一种既符合水泥砂浆固化土的一般应力应变特性,又能表现出水泥砂浆固化土上述特殊性质,且形式简单、求参便捷的数学模型。

6.3 Logistic 函数的性质

Logistic 函数又称生长函数，最早由研究人口增长规律的马尔萨斯提出，后经荷兰数学家威赫尔斯特将其归纳提炼成一般的数学公式 $L(t)=\frac{1}{a+bc^t}$，它能较好地描述有界增长的想象，目前，已经在生态学、经济学、社会学以及环境科学等领域获得广泛应用[123~125]。最近，范晓秋、徐洪钟、郑鹏武等[126~129]将其引入到全过程地基沉降、地表下沉的预测中，证明了该函数在沉降预测中的优越性能。此外，Gompertz 函数 $G(t)=ab^{c^t}$ 也具有上述性能，因此 Logistic 函数与 Gompertz 函数统称为生长函数。

由土工试验可知，对于一般岩土体，在破坏之前，应力应变曲线必须具有以下性质：

(1)经过(0,0)点；

(2)曲线处处一阶可导；

(3)单调递增，有上界，一阶导数恒大于零，仅仅在破坏点等于零。

此外，王伟[130]通过试验研究发现，二参数 Duncan - Chang 双曲线模型不能很好地模拟岩土体的应力应变曲线，半值收敛指数不可调是产生较大误差的根本原因，并提出了理想的本构模型必须具有三个独立参数的结论。

Logistic 函数中有 a、b、c 三个未知数，其中：$a>0$，$b>0$，$0<c<1$，因此在 $L(t)-t$ 坐标系中，Logistic 曲线是一条呈有界增长的“S”型曲线。Logistic 函数表达的数学模型是一个三参数非线性模型。对于上述应力应变曲线必须具备的性质以及王伟的研究结论，Logistic 函数除不过(0,0)点外，其他条件均可满足。而对于条件(1)，可通过坐标系映射的方法，将 Logistic 函数加以修正，使得在保持其他各个性质不变的条件下通过(0,0)点。

6.4 基于 Logistic 函数的本构模型

6.4.1 模型建立

对 Logistic 函数以及 Gompertz 函数进行变换后，具有相同的修正指数函数形式：

$$Y=\alpha+\beta\gamma^{X} \tag{6-2}$$

为了便于分析，下文主要通过对 Logistic 函数进行数学推导，建立用于描述固化土的本构模型。

考察水泥砂浆固化土的试验应力应变曲线，当不考虑破坏后的变化或者仅仅考虑材料硬化时，具有如图 6-4 所示的特征。加载初期应力应变曲线下凹，材料初试结构中的微小孔隙逐渐压密闭合，如图中 OA 段，在该阶段，固化土内部的(微)孔隙逐渐闭合，而孔隙周边结构发生调整，颗粒发生重新排列，如果在 A 点卸载，则应力应变曲线将沿 BA 变化，造成试样体积被压缩，密度增大，材料发生硬化；如果由 B 点再加载，则应力应变曲线将沿 BA 变化，当应力超过 A 点后，材料发生弹性变形，直至 C 点，该阶段材料变形服从虎克定律。如在 C 点卸载，则应力应变曲线将沿 CAB 方向返回。当应力超过 C 点，材料开始屈服，内部产生塑性变形，直至 D 点，材料破坏。

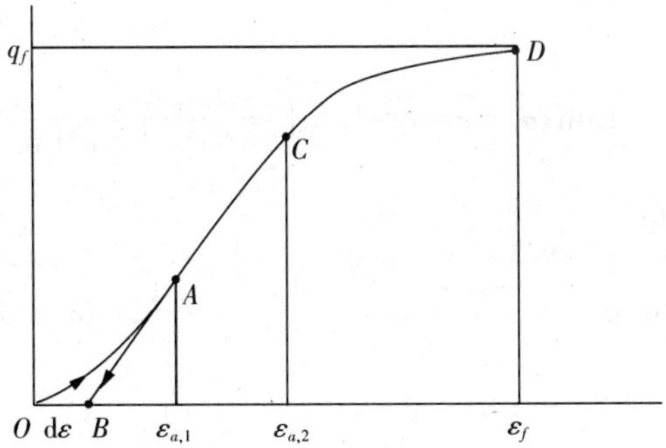

图 6-4　固化土、岩石的典型应力应变曲线

Duncan-Chang 模型(二参数模型)一般可有效用于模拟具有 $BACD$ 形状的应力应变曲线,对于形如图 6-5(a)中 $OACD$ 形状的应力应变曲线,拟合效果较差,对式(6-1)求取一阶导数可得:

$$\frac{dE_t}{d\varepsilon_a}=\frac{d^2(\sigma_1-\sigma_3)}{d\varepsilon_a^2}=\frac{a}{(a+b\varepsilon_a)^2}=\frac{-2ab(a+b\varepsilon_a)}{(a+b\varepsilon_a)^4} \tag{6-3}$$

可见,Duncan-Chang 模型描述的材料的切线弹性模型严格单调递减的,这是该模型不能描述具有初始压密阶段(即初始阶段材料发生硬化)材料的根本原因。图 6-5 给出了一个经过修正后仍呈 $OACD$ 形应力应变曲线的 Duncan-Chang 模型拟合(图 6-5(a))以及相应的 $\varepsilon_1/(\sigma_1-\varepsilon_1)$ 关系(图 6-5(b))。但是,Logistic 函数本身具有 $OACD$ 形状,因此考虑采用 Logistic 函数模拟固化土的应力应变曲线,具有现实依据。

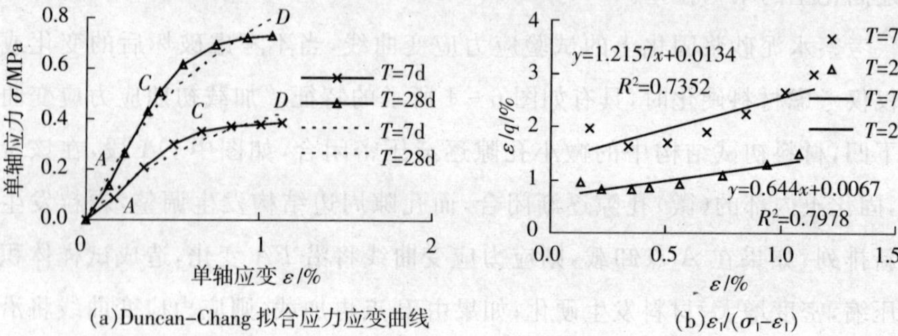

(a)Duncan-Chang 拟合应力应变曲线　　(b)$\varepsilon_1/(\sigma_1-\varepsilon_1)$

图 6-5　单轴应力应变 Duncan-Chang 拟合曲线
以及 $\varepsilon_1/(\sigma_1-\varepsilon_1)$ 关系($\omega=47.5\%, a_w=15\%, a_s=30\%$)

下面来考察 Logistic 函数的数学性质,对于 Logistic 函数:

当 $\varepsilon_{a0}\to 0$ 时:

$$\lim_{\varepsilon_{a0}\to 0}(\sigma_1-\sigma_3)_0=\lim_{\varepsilon_{a0}\to 0}\left(\frac{1}{a+bc^{\varepsilon_{a0}}}\right)=\frac{1}{a+b} \tag{6-4}$$

当 $\varepsilon_{a0}\to\infty$ 时:

$$\lim_{\varepsilon_{a0}\to\infty}(\sigma_1-\sigma_3)_0=\lim_{\varepsilon_{a0}\to\infty}\left(\frac{1}{a+bc^{\varepsilon_{a0}}}\right)=\frac{1}{a}=(\sigma_1-\sigma_3)_{0f} \tag{6-5}$$

$$\frac{d(\sigma_1-\sigma_3)_0}{d\varepsilon_{a0}}=\frac{0-(0+bc^{\varepsilon_{a0}}\ln c)}{(a+bc^{\varepsilon_{a0}})^2}\Big|_{0<c<1}>0 \tag{6-6}$$

可见,Logistic 函数单调递增且具有非负有界性,当不考虑破坏后的变化或者仅仅考虑材料硬化时，满足岩土材料应力应变曲线的基本特征，归纳如下：

$$\begin{cases}(\sigma_1-\sigma_3)_0=\dfrac{1}{a+bc^{\varepsilon_{a0}}}\\ s.t.\\ (\sigma_1-\sigma_3)_0\big|_{\varepsilon_{a0}\to 0}=\dfrac{1}{a+b}\neq 0\\ (\sigma_1-\sigma_3)_0\big|_{\varepsilon_{a0}\to\infty}=\dfrac{1}{a}\end{cases} \tag{6-7}$$

由式(6－7)可知，其中的边界条件$(\sigma_1-\sigma_3)\big|_{\varepsilon_a\to 0}=\dfrac{1}{a+b}\neq 0$与实际情况不符，Logistic 函数的曲线不过(0,0)点，而是与纵轴$(\sigma_1-\sigma_3)_0$相交于点$\left(0,\dfrac{1}{a+b}\right)$，因此需要对 Logistic 函数进行坐标变换，使得 Logistic 函数在保持函数性质不变的条件下通过(0,0)点，所以对原函数进行如下映射：

$$\begin{cases}\varepsilon_a=\varepsilon_{a0}\\ (\sigma_1-\sigma_3)=(\sigma_1-\sigma_3)_0-\dfrac{1}{a+b}\end{cases} \tag{6-8}$$

则式(6－7)可以改写为：

$$\begin{cases}(\sigma_1-\sigma_3)=\dfrac{1}{a+bc^{\varepsilon_a}}-\dfrac{1}{a+b}\\ s.t.\\ (\sigma_1-\sigma_3)\Big|_{\varepsilon_a\to 0}=0\\ (\sigma_1-\sigma_3)\Big|_{\varepsilon_a\to\infty}=\dfrac{1}{a}-\dfrac{1}{a+b}\end{cases} \tag{6-9}$$

则式(6－9)即为可以描述具有“S”形状的应力应变曲线的本构模型，其中存在三个参数 a、b、c，此外，该模型仍假定，在完成压密变形后，材料是弹性非线性的。因此称式(6－9)为“基于修正 Logistic 函数的非线性三参数水泥固化土本构模型”。该模型可以拟合具有压密阶段的水泥土或水泥砂浆固化土的应力应变曲线。事实上，即使不存在压密阶段的应力应变曲线，同样可以进行较好的拟合，下文将详细对该模型进行解析。

6.4.2 修正模型的拐点性质

对式(6-9)中的第一式进行求导，可得材料的切线弹性模量 E_t，具体如下：

$$E_t=\frac{\mathrm{d}(\sigma_1-\sigma_3)}{\mathrm{d}\varepsilon_a}=\frac{0-(0+bc^{\varepsilon_{a0}}\ln c)}{(a+bc^{\varepsilon_{a0}})^2}=\frac{-bc^{\varepsilon_a}\ln c}{(a+bc^{\varepsilon_a})^2} \tag{6-10}$$

对式(6-9)中第一式求二阶导数：

$$\frac{\mathrm{d}^2(\sigma_1-\sigma_3)}{\mathrm{d}\varepsilon^2{}_a}=\frac{\mathrm{d}(-bc^{\varepsilon_a}\ln c)(a+bc^{\varepsilon_a})^2-(-bc^{\varepsilon_a}\ln c)\mathrm{d}(a+bc^{\varepsilon_a})^2}{(a+bc^{\varepsilon_a})^4}$$

$$=\frac{b^2(\ln c)^2\cdot c^{2\varepsilon_a}-ab(\ln c)^2\cdot c^{\varepsilon_a}}{(a+bc^{\varepsilon_a})^3}=\frac{b(\ln c)^2c^{\varepsilon_a}(bc^{\varepsilon_a}-a)}{(a+bc^{\varepsilon_a})^3} \tag{6-11}$$

式(6-11)描述的是材料受力变形过程中，切线弹性模量 E_t 变化的速率，令 $\frac{\mathrm{d}^2(\sigma_1-\sigma_3)}{\mathrm{d}\varepsilon^2{}_a}=0$，则 $bc^{\varepsilon_a}-a=0$，求解得：

$$\varepsilon_{a,0}=\frac{\ln a-\ln b}{\ln c} \tag{6-12}$$

该点描述的是材料切线弹性模量最大的点，因此，如果不考虑材料的压密阶段，取式(6-12)为零，则本文建立的模型退化为与 Duncan-Chang 模型类似的弹性非线性模型。

对式(6-11)再进行一次求导：

$$\frac{\mathrm{d}^3(\sigma_1-\sigma_3)}{\mathrm{d}\varepsilon_a^3}$$

$$=\frac{\mathrm{d}[b(\ln c)^2c^{\varepsilon_a}(bc^{\varepsilon_a}-a)](a+bc^{\varepsilon_a})^3-[b(\ln c)^2c^{\varepsilon_a}(bc^{\varepsilon_a}-a)]\mathrm{d}[(a+bc^{\varepsilon_a})^3]}{[(a+bc^{\varepsilon_a})^3]^2}$$

$$=\frac{4ab^2(\ln c)^3c^{2\varepsilon_a}-a^2b(\ln c)^3c^{\varepsilon_a}-b^3(\ln c)^3c^{3\varepsilon_a}}{(a+bc^{\varepsilon_a})^4}$$

$$=\frac{b(\ln c)^3[-a^2+4abc^{\varepsilon_a}-b^2c^{2\varepsilon_a}]}{(a+bc^{\varepsilon_a})^4} \tag{6-13}$$

式(6-13)描述的是材料切线弹性模量 E_t 随着应变增长变化的加速度，令 $\frac{d^3(\sigma_1-\sigma_3)}{d\varepsilon^3_a}=0$，则 $-a^2+4abc^{\varepsilon_a}-b^2c^{2\varepsilon_a}=0$，

求解可得：

$$\begin{cases}\varepsilon_{a,1}=\dfrac{\ln\left(\dfrac{2+\sqrt{3}}{b}a\right)}{\ln c}=\dfrac{\ln(3.732a)-\ln b}{\ln c}\\ \varepsilon_{a,2}=\dfrac{\ln\left(\dfrac{2-\sqrt{3}}{b}a\right)}{\ln c}=\dfrac{\ln(0.268a)-\ln b}{\ln c}\end{cases}\tag{6-14}$$

则 $\varepsilon_{a,1}$、$\varepsilon_{a,2}$ 对应的点 $((\sigma_1-\sigma_3)_1,\varepsilon_{a,1})$ 和点 $((\sigma_1-\sigma_3)_2,\varepsilon_{a,2})$ 为切线弹性模量 E_t 速度函数的两个拐点，其物理意义为，当 $\varepsilon_a\in[0,\varepsilon_{a,1}]$ 时，为材料受力变形的始盛期，该阶段主要发生压密硬化；当 $\varepsilon_a\in[\varepsilon_{a,1},\varepsilon_{a,2}]$ 时，为材料变形的高峰期，该阶段主要发生弹性非线性变形；当 $\varepsilon_a\in[\varepsilon_{a,2},\infty)$ 时，为材料变形的盛末期，该阶段材料屈服破坏。

6.4.3　参数 *a*、*b*、*c* 的物理意义

考察式(6-7)、式(6-9)可知：$(\sigma_1-\sigma_3)_0\sim\varepsilon_{a,0}$ 坐标系统与 $(\sigma_1-\sigma_3)\sim\varepsilon_a$ 坐标系统通过式(6-8)变换，而对曲线的形态没有影响。因此，式(6-7)、式(6-9)具有相同的数学意义。为了方便讨论，以式(6-7)为例，讨论参数 a、b、c 的数学意义。

对于参数 a，由式(6-7)可见，其倒数 $1/a$ 即为函数 $(\sigma_1-\sigma_3)_0=\frac{1}{a+bc^{\varepsilon_{a,0}}}$ 的最大值，在材料的应力应变曲线上，即为破坏应力或者峰值应力 $(\sigma_1-\sigma_3)_f$：

$$a=\frac{1}{(\sigma_1-\sigma_3)_f}\tag{6-15}$$

对式(6-7)中的第一式变换如下：

$$\ln\left[\frac{1}{(\sigma_1-\sigma_3)_0}-a\right]=\ln b+\varepsilon_a\ln c\tag{6-16}$$

将式(6-15)代入式(6-16)可得：

$$\ln\left[\frac{1}{(\sigma_1-\sigma_3)_0}-\frac{1}{(\sigma_1-\sigma_3)_f}\right]=\ln b+\varepsilon_a\ln c \tag{6-17}$$

由式(6-17)可知，在以 $\ln\left[\frac{1}{(\sigma_1-\sigma_3)_0}-\frac{1}{(\sigma_1-\sigma_3)_f}\right]$ 为纵轴、以 ε_a 为横轴的坐标系中，则二者呈线性关系，因此在该坐标系中，根据试验数据，点绘各点，并采用线性函数拟合，可确定参数 a、b 的值，如图 6-6 所示：

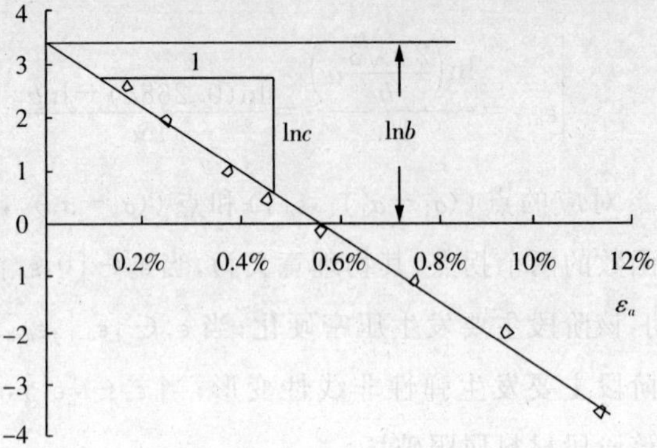

图 6-6　$\ln(1/q-1/q_f)\sim\varepsilon_a$ 的线性关系

由图 6-6 可知，参数 b 的对数 $\ln b$ 则为在 $\ln(1/q-1/q_f)$ 轴上的截距，参数 c 的对数 $\ln c$ 则为 $\ln(1/q-1/q_f)\varepsilon_a$ 线的斜率。

下面来讨论在 $(\sigma_1-\sigma_3)_0\sim\varepsilon_{a,0}$ 坐标系中参数 a、b、c 的数学意义。式(6-15)中，a 的数学意义已经确定，因此主要讨论 b、c 的意义。图 6-7 是通过选取参数 b、c 的一组特定数据绘制而成。

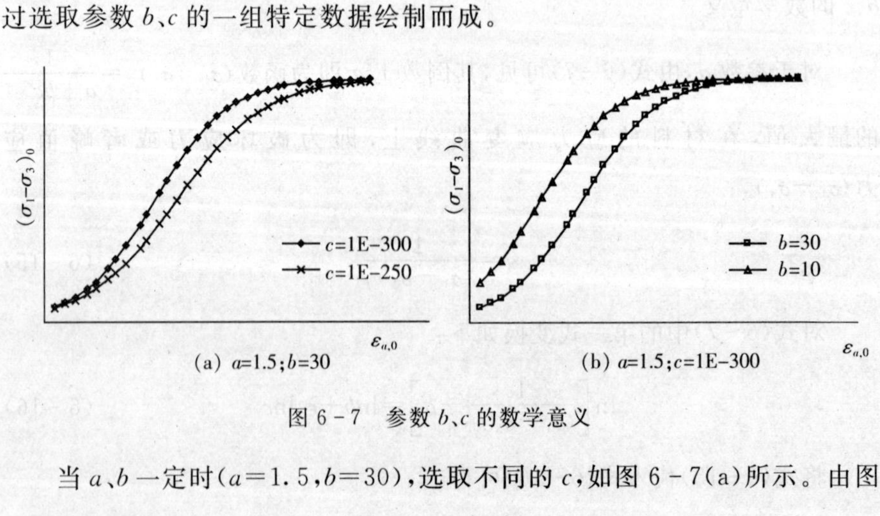

图 6-7　参数 b、c 的数学意义

当 a、b 一定时($a=1.5$，$b=30$)，选取不同的 c，如图 6-7(a)所示。由图

中可知,c 实际上控制应力应变曲线的切线弹性模量的增长速率,即控制式(6-10)的增长速率,对式(6-10)求导得到式(6-11),并令其等于0,可求得式(6-12)。

根据式(6-11)的性质,式(6-10)具有极大值,且在式(6-12)条件下取得。将式(6-12)代入式(6-10)可得:

$$\mathrm{Max}(E_t)=\frac{-bc^{\varepsilon_{a,0}}\ln c}{(a+bc^{\varepsilon_{a,0}})^2}=\frac{-b(\ln c)c^{\frac{\ln a-\ln b}{\ln c}}}{(a+bc^{\frac{\ln a-\ln b}{\ln c}})^2} \tag{6-18}$$

式(6-18)的意义即为 Duncan-Chang 模型中的初始切线弹性模量,对式(6-14)进行变换,则有:

$$\varepsilon_{a,2}-\varepsilon_{a,1}=\frac{\ln\frac{2-\sqrt{3}}{2+\sqrt{3}}}{\ln c} \tag{6-19}$$

实际上,式(6-19)描述的是应力应变曲线初始下凹阶段和屈服上凹阶段中曲率最大的两点之间的应变量差值,对于一定的材料,这两个点是客观存在的。对于下界点 $\varepsilon_{a,1}$,(微)孔隙基本压密,孔隙周边坍塌后开始承受荷载;对于上界点 $\varepsilon_{a,2}$,材料屈服后开始进入剪切破坏阶段。可见,上述两点之间的应变量由 c 值唯一控制,如果用点 $((\sigma_1-\sigma_3)_1,\varepsilon_{a,1})$ 与点 $((\sigma_1-\sigma_3)_2,\varepsilon_{a,2})$ 确定材料的弹性模量,那么该模量既考虑到材料的初始压密变形影响,也考虑到材料屈服剪切破坏的影响。下文的模型运用实例中,用符号 E_{SL} 表示该模量,表达式如下:

$$E_{SL}=\frac{(\sigma_1-\sigma_3)_2-(\sigma_1-\sigma_3)_1}{\varepsilon_{a,2}-\varepsilon_{a,1}} \tag{6-20}$$

当 a、c 一定时($a=1.5$,$c=1\mathrm{E}-300$),选取不同的 b,如图 6-7(b)所示。b 值控制着材料压密阶段 OA 以及屈服阶段 CD 的变形特征,下面通过考察点 $((\sigma_1-\sigma_3)_1,\varepsilon_{a,1})$ 与点 $((\sigma_1-\sigma_3)_2,\varepsilon_{a,2})$,来阐述参数 b 的数学意义。对式(6-14),当 a、c 一定,由于 $\varepsilon_{a,1}\geqslant 0$,$\varepsilon_{a,2}\geqslant 0$,因 $0<c<1$,则 $\ln c<0$,则有:

$$\begin{cases}\ln(3.732a)-\ln b\leqslant 0\\ \ln(0.268a)-\ln b\leqslant 0\end{cases} \tag{6-21}$$

当 $0<b<1$ 时，$-\ln b>0$，因为必须满足式(6-21)所列条件，因此 $\ln(3.732a)<0$ 且 $|\ln(3.732a)|>-\ln b$；同样有 $\ln(0.268a)<0$ 时，$|\ln(0.268a)|>-\ln b$，因此随着 b 的增加，$\varepsilon_{a,1}$、$\varepsilon_{a,2}$ 均不断变大；当 $b\geqslant1$ 时，$\ln b>0$，随着 b 的增加，$\varepsilon_{a,1}$、$\varepsilon_{a,2}$ 同样不断变大。因此 $\varepsilon_{a,1}$、$\varepsilon_{a,2}$ 随着参数 b 的增加而增加。

由前文可知，与 $\varepsilon_{a,1}$、$\varepsilon_{a,2}$ 相对应的点 $((\sigma_1-\sigma_3)_1,\varepsilon_{a,1})$、点 $((\sigma_1-\sigma_3)_2,\varepsilon_{a,2})$ 分别是压密下凹阶段以及屈服上凹阶段内曲率最大的两点，由此，b 的物理意义即为控制材料压密硬化以及屈服后剪切破坏特性的参数，b 越大，材料压密硬化特性越显著，屈服后塑性剪切破坏特征越明显；b 越小，材料压密硬化特性越弱，屈服后脆性剪切破坏特征越明显。

根据上述分析，a 控制材料的破坏强度；b 控制材料的压密硬化特性与屈服后的剪切破坏特性；c 值控制 E_{SL} 的大小。因此，本文提出的本构模型，各参数具有一定的数学意义与物理意义。

6.4.4 对模型的讨论

基于修正 Logistic 函数的三参数岩土本构模型表达式如式(6-9)所示。

对于式(6-9)中的 a、b、c，做出如下限制：

$$a>0,b>0,0<c<1 \tag{6-22}$$

对式(6-20)进行变换如下：

$$\begin{cases}\ln(3.732a)\leqslant\ln b\\ \ln(0.268a)\leqslant\ln b\end{cases} \tag{6-23}$$

当 $x\in(0,+\infty)$ 时，函数 $y=\ln x$ 单调增加，又 $a>0,b>0$，则式(6-23)为：

$$b\geqslant3.732a \tag{6-24}$$

式(6-24)即为“修正 Logistic 函数的三参数岩土本构模型”中的一个隐含条件，表达了材料强度与材料压密硬化、屈服后剪切破坏的关系，因此基于修正 Logistic 函数建立的非线性三参数水泥土模型”可以表达为：

$$\begin{cases}(\sigma_1-\sigma_3)=\dfrac{1}{a+bc^{\varepsilon_a}}-\dfrac{1}{a+b}\\ s.t.\\ (\sigma_1-\sigma_3)\big|_{\varepsilon_a\to 0}=0\\ (\sigma_1-\sigma_3)\big|_{\varepsilon_a\to\infty}=\dfrac{1}{a}-\dfrac{1}{a+b}\\ b\geqslant 3.732a\end{cases}\tag{6-25}$$

分析式(6-12)，当 $\varepsilon_{a,0}=0$ 时，即 $\ln a-\ln b=0$，此时材料不存在压密变形阶段，初始剪切模量最大，代入式(6-9)可得：

$$\begin{cases}(\sigma_1-\sigma_3)=\dfrac{1}{a+bc^{\varepsilon_a}}-\dfrac{1}{a+b}\\ s.t.\\ (\sigma_1-\sigma_3)\big|_{\varepsilon_a\to 0}=0\\ (\sigma_1-\sigma_3)\big|_{\varepsilon_a\to\infty}=\dfrac{1}{a}-\dfrac{1}{a+b}\\ b=a\end{cases}\tag{6-26}$$

则式(6-26)描述的应力应变曲线实际上与经典的 Duncan-Chang 弹性非线性模型是一致的，此时，本文基于修正 Logistic 函数建立的非线性三参数水泥土模型自动退化为类似 Duncan-Chang 的二参数模型。

6.5　模型求解与验证

6.5.1　模型中的参数求解

对用式(6-9)表达的“修正 Logistic 函数的三参数岩土本构模型”，即使是其中的参数 a 也不能由式(6-15)求出。修正模型中存在三个参数 a、b、c，因此需要三个方程联立才可求出。对于具有完整数据的试验应力应变曲线，可选择式(6-12)、式(6-14)确定的三个特征点联立方程求解。事实上，由于在试验曲线上三点难以客观确定，该求解方法难以精确求解三个参数 a、b、c 的值，此外，联立方程组的求解过程也较为复杂，导致求解难度较大。因此若需精确的确定三个参数，可以通过最小二乘法实现，设有 n 个试验样本 (q_1, ε_{a1})，(q_2, ε_{a2})，…，(q_i, ε_{ai})，…，(q_n, ε_{an})，需要根据这些样本确定模型的待定参数。通常的目标函数为预测样本 $q_{(i)}$ 与观测样本 q_i 之间的误差平方和 Q 最小，即：

$$Q=\sum_{i=1}^{n}(q_{(i)}-q_i)^2=\mathrm{Min} \tag{6-27}$$

根据上述方法，可以通过对式(6-27)求偏导数求解，但较为繁复，甚至无法计算，因此可采用 Fortran、Matlab 等数学软件进行迭代求解，并进行动态修正，常常可获得较为精确的拟合。

事实上，由式(6-7)和式(6-8)、式(6-9)的关系可知，式(6-8)是由式(6-7)根据式(6-9)进行坐标系映射而来，因此可考虑通过求解式(6-7)，然后进行坐标系映射，并对指数采用逼近修正，从而可实现式(6-9)的高精度求解。根据上述思想，可精确求解参数 a、b、c，并获得"修正 Logistic 函数的非线性三参数水泥固化土本构模型"的高精度拟合。

考虑到式(6-7)中的边界条件 $(\sigma_1-\sigma_3)_0\Big|_{\varepsilon_{a0}\to 0}=\dfrac{1}{a+b}\neq 0$，即应力应变曲线不能通过原点，因此对有限个($n$)实测数据样本(0,0)，$(q_1, \varepsilon_{a1})$，$(q_2, \varepsilon_{a2})$，…，$(q_i, \varepsilon_{ai})$，…，$(q_{fn}, \varepsilon_{afn})$ 在剔除(0,0)点后，进行下述推导。

常规三轴试验中，$q=\sigma_1-\sigma_3$，以下将全部采用偏应力来表示。首先对式(6-7)中第一式进行如下变换：

$$\frac{1}{q_0}-a=bc^{\varepsilon_{a,0}} \tag{6-28}$$

对式(6-28)等号两侧取自然对数，并将式(6-7)中的第二边界条件代入：

$$\ln\left(\frac{1}{q_0}-\frac{1}{q_{0f}}\right)=\ln b+\varepsilon_{a,0}\ln c \tag{6-29}$$

那么，在以 ε_a 为横轴，以 $\ln\left(\frac{1}{q_0}-\frac{1}{q_{0f}}\right)$ 为纵轴的新坐标系中，$\ln\left(\frac{1}{q_0}-\frac{1}{q_{0f}}\right)$ 与 ε_a

呈线性关系。对试验数据进行变换后，在该坐标系中点绘各点，并采用线性函数拟合，拟合函数为：$Y=B+CX$，则拟合线性函数的斜率即为 $\ln c$；在纵轴 $\ln\left(\frac{1}{q_0}-\frac{1}{q_{0f}}\right)$ 上的截距即为 $\ln b$，由此参数 b、c 可由式(6-30)表示：

$$\begin{cases} b_0=e^B \\ c_0=e^C \end{cases} \tag{6-30}$$

由此确定参数 a、b、c 的初始值：

$$\begin{cases} a_0=1/q_{0f} \\ b_0=e^B \\ c=e^C \end{cases} \tag{6-31}$$

事实上，采用上述方法确定参数，已经具有了一定的精度。假设点 (q_1,ε_{a1}) 足够小，可以反映出材料初始压密变形，那么误差主要由(0,0)、(q_1,ε_{a1}) 两点之间的偏差引起。

参数 a 反映了材料的破坏应力，是一个与坐标系映射相关的量；参数 b 反映材料压密硬化以及屈服后剪切破坏特征的量，也是一个与坐标系映射相关的量；参数 c 是反映应力应变曲线中压密硬化下凹段和屈服后剪切破坏上凹段中曲率最大处的两点之间的应变量差值，该值描述的是一个相对变量，因此 c 值与坐标系的映射无关。可见式(6-31)中的参数 a、b 需要进行修正。

下面首先对 a 进行修正：

选取一个较小的计算起始点 $(\varepsilon_0, q(\varepsilon_0))$，该点可以与 (q_1,ε_{a1}) 重合，甚至较 ε_{a1} 更小，对初步拟合数据依据式(6-23)进行映射：

$$\begin{cases} \varepsilon_{a,00}=\varepsilon_{a,0}-\varepsilon_0 \\ q_{00}=q_0-q(\varepsilon_0) \end{cases} \tag{6-32}$$

经过上述坐标系的映射后，新坐标系 $q_{00}-\varepsilon_{a,00}$ 中拟合应力应变曲线已

经通过(0,0)点,符合式(6-9)中的第一边界条件,那么根据第二边界条件$(\sigma_1-\sigma_3)\Big|_{\varepsilon_a\to\infty}=\frac{1}{a}-\frac{1}{a+b}$,则有:

$$q_{fn}=\frac{1}{a}-\frac{1}{a+b} \tag{6-33}$$

根据试验样本数据确定 q_{fn} 后,a、b 之间可以通过求解方程确定二者之间的关系,对式(6-33)进行求解 a 可得:

$$\begin{cases} a_1=\dfrac{-b+\sqrt{b^2+\dfrac{4b}{q_{fn}}}}{2} \\ a_2=\dfrac{-b-\sqrt{b^2+\dfrac{4b}{q_{fn}}}}{2} \end{cases} \tag{6-34}$$

根据 Logistic 函数中参数的定义恒有 $a>0$,考察式(6-34),则其中的第二式自动满足该条件,因此取 a 值为:

$$a=\frac{-b+\sqrt{b^2+\dfrac{4b}{q_{fn}}}}{2} \tag{6-35}$$

下面对 b 进行修正:

由于式(6-31)确定的 b 值已经具有了一定的精度,因此可对 b_0 值依据式(6-35)进行迭代逼近:

$$b_i=b_{i-1}\cdot\left(1+\sqrt{(0.01\sim0.05)^2}\cdot i\right),i=1,2,\cdots \tag{6-36}$$

其中,"0.01～0.05"为 b 值每次迭代计算步长,当拟合曲线偏右时,开根号后取负值;当拟合曲线偏左时,开根号后取正值。此外,对于存在明显的初始压密变形时,每次迭代计算必须用式(6-24)对每次迭代结果校核,如出现违背式(6-24)时,则以式(6-25)为迭代计算结束的准则;对于不存在压密变形时,直接取 $b=a$。

从而,由式(6-31)确定的初始值,根据式(6-35)、式(6-36)迭代求解

a、b，对每次迭代计算求取式(6-27)，当式(6-27)获得最小值时，迭代结束，此时取得的 a、b 值以及式(6-31)确定的 c 值，即为本文“修正 Logistic 函数的三参数岩土本构模型”中三个参数的最优解，具体如下：

$$\begin{cases} b_i = b_{i-1} \cdot \left(1+\sqrt{(0.01\sim0.05)^2} \cdot i\right),\ i=1,2,\cdots \\ a_i = \left(-b_i + \sqrt{b_i^{\ 2} + \dfrac{4b_i}{q_{fn}}}\right)/2 \\ c = e^C \\ s.t. \\ Q = \sum\limits_{i=1}^{n} (q_{(i)} - q_i)^2 = \mathrm{Min} \end{cases} \tag{6-37}$$

到此为止，“修正 Logistic 函数的非线性三参数水泥固化土本构模型”中的三个参数全部确定，那么根据试验数据样本，依据上述求参方法，实现式(6-9)中参数的精确求解。

6.5.2 误差分析

本文建立的“修正 Logistic 函数的三参数岩土本构模型”属预测模型，预测值为随机变量，因此实测值与预测值之差亦为随机变量。对于本文涉及的实际问题，采用平均绝对百分误差(MAPE)来评价模型的拟合精度，当 MAPE 的值小于 10 时属于高精度拟合，介于 10～20 之间属于良好拟合。MAPE 的计算公式如下：

$$\mathrm{MAPE} = \frac{1}{n}\sum_{i=1}^{n}\left(\frac{|q-\bar{q}|}{\bar{q}} \times 100\right) \tag{6-38}$$

其中，q 为建立本构模型计算值；$\bar{q}$ 为试验值；n 为试验采样点数。

下面给出一个算例，试验样本取自前章进行的无侧限抗压强度试验，如表 6-1，求解过程如图 6-8 所示。

表 6-1　某配比下水泥砂浆固化土无侧限抗压强度试验记录

$(\sigma_1-\sigma_3)$ /MPa	0	0.0223	0.0683	0.1130	0.1659	0.2348	0.3092	0.3857	0.4384	0.4841	0.5162	0.5374	0.5437	0.5594	0.5661	0.5708	0.5706
ε_a /%	0	0.08	0.16	0.24	0.32	0.40	0.48	0.56	0.64	0.72	0.80	0.88	0.96	1.04	1.12	1.20	1.28

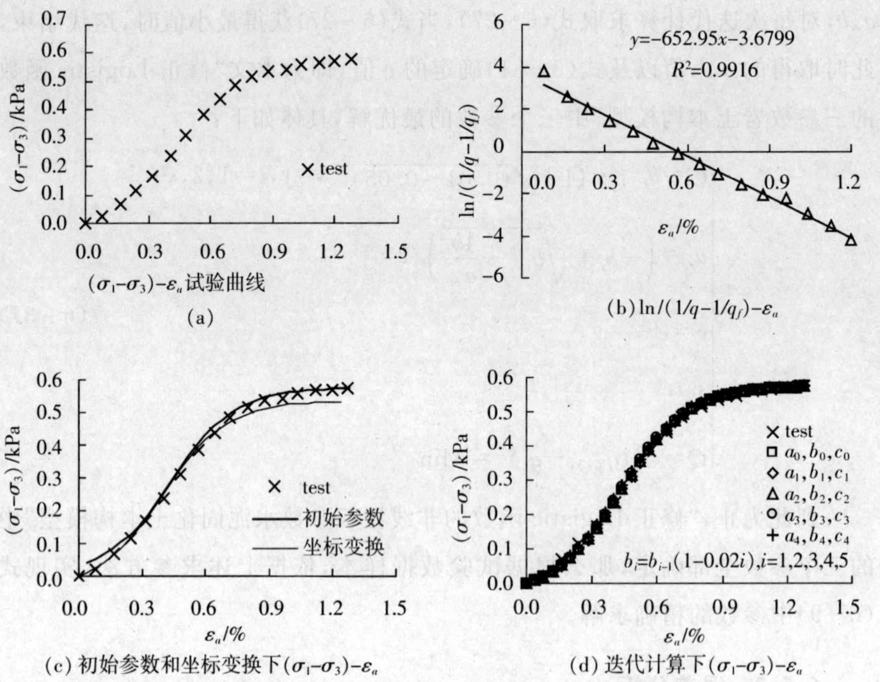

图 6－8　基于生长函数的固化土本构模型求解过程

对于表 6－1 的无侧限抗压强度试验样本，各次迭代计算中修正 Logistic 函数的三参数岩土本构模型的参数以及 MAPE 值如下：

表 6－2　迭代计算中参数取值与拟合精度

n	0	1	2	3	4	5
a	1.6451	1.6434	1.6417	1.6399	1.6382	1.6364
b	29.3575	28.7704	28.1950	27.6311	27.0785	26.5369
c	2.9E－284	2.9E－284	3E－284	3E－284	3E－284	3E－284
MAPE	4.10	3.79	3.60	3.47	3.34	3.35

根据 MAPE 的含义以及表 6－3 中各次迭代过程中的取值，a、b、c 分别取 $n=4$ 时的迭代值，此时 MAPE＝Min。

因此，对于表 6－1 的无侧限抗压强度试验，修正 Logistic 函数的三参数岩土本构模型表示如下：

$$\begin{cases}(\sigma_1-\sigma_3)=\dfrac{1}{1.6382+27.0785\cdot(3\text{E}-284)^{\varepsilon_a}}-\dfrac{1}{1.6382+27.0785}\\ s.t.\\ (\sigma_1-\sigma_3)\big|_{\varepsilon_a\to 0}=0\\ (\sigma_1-\sigma_3)\big|_{\varepsilon_a\to\infty}=\dfrac{1}{1.6382}-\dfrac{1}{1.6382+27.0785}\end{cases}\tag{6-39}$$

切线弹性模量为：

$$E_t=\frac{-27.0785\cdot(3\text{E}-284)^{\varepsilon_a}\ln(3\text{E}-284)}{(1.6382+27.0785\cdot(3\text{E}-284)^{\varepsilon_a})^2}\tag{6-40}$$

那么材料变形过程中始盛期、高峰期、盛末期的分界点为：

$$\begin{cases}\varepsilon_{a,1}=\dfrac{\ln(3.732a)-\ln b}{\ln c}=0.23\%\\ \varepsilon_{a,0}=\dfrac{\ln a-\ln b}{\ln c}=0.43\%\\ \varepsilon_{a,2}=\dfrac{\ln(0.268a)-\ln b}{\ln c}=0.63\%\end{cases}\tag{6-41}$$

$$E_{SL}=\frac{(\sigma_1-\sigma_3)_2-(\sigma_1-\sigma_3)_1}{\varepsilon_{a,2}-\varepsilon_{a,1}}=87.5\text{MPa}\tag{6-42}$$

为了验证模型的适用性，本文参考湘潭大学付海雄在2006年报道的红土水泥土无侧限抗压强度试验成果[131]，以及浙江大学李刚在2003年报道的纳米材料水泥土无侧限抗压强度试验成果[132]，分别选择了两个典型的单轴压缩应力应变曲线，采用本文提出的修正Logistic函数的非线性三参数水泥固化土本构模型进行拟合，同时也给出了Duncan-Chang模型的拟合结果，如图6-9、图6-10所示。

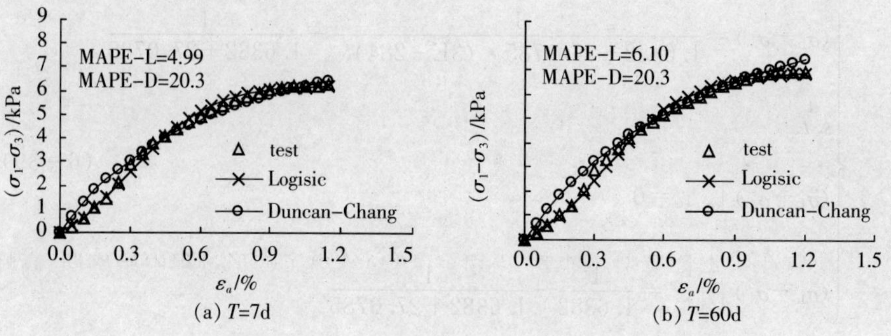

图 6-9 "付海雄—图 2.8"红土水泥土单轴应力应变曲线拟合

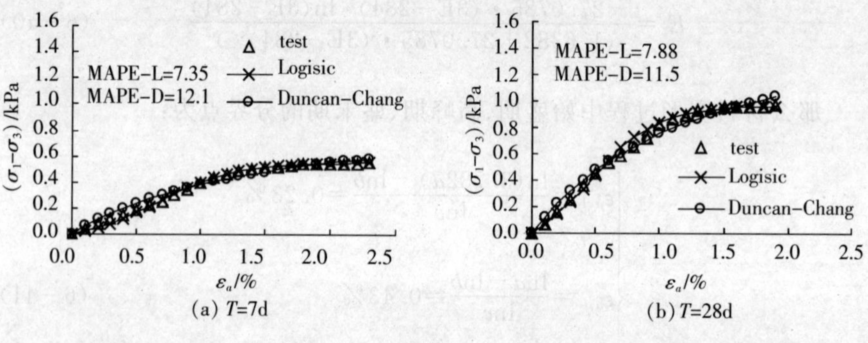

图 6-10 "李刚—图 4.13"纳米水泥土单轴应力应变曲线拟合

结果显示,本文提出的修正 Logistic 函数的非线性三参数水泥固化土本构模型可以较好地拟合红水泥土以及纳米材料水泥土的应力应变曲线,且明显较 Duncan - Chang 模型优越。事实上,对于图 6-9、图 6-10 中的 Duncan - Chang 拟合,是在忽略初始压密阶段获得的粗略拟合,如果依据前文阐述的试验数据修正方法对初始压密阶段进行数据剔除,那么对于付海雄的红土水泥土,$(\sigma_1-\sigma_3)$将损失 29%~34%;对于李刚的纳米材料水泥土,$(\sigma_1-\sigma_3)$将损失 37%~46%,因此修正后的单轴应力应变曲线已不能真实反映水泥土的强度与变形特性。

以上分析表明,本文提出的修正 Logistic 函数的非线性三参数水泥固化土本构模型可以很好地用于概括水泥固化土的应力应变特性,且具有较好的适用性。

6.5.3　固化土应力应变曲线拟合

根据上述分析，以下将选取6个典型的水泥砂浆固化土单轴压缩应力应变曲线，采用修正 Logistic 函数的非线性三参数水泥固化土本构模型进行拟合计算，拟合结果如表6-3所示，同时依据修正 Logistic 函数的非线性三参数水泥固化土本构模型的性质，由式(6-14)给出了变形过程中始盛期、高峰期、盛末期的分界点，由式(6-18)给出了弹性模量的最大值，此外，由式(6-20)确定 E_{SL} 同样一并给出。

表6-3　固化土本构模型拟合结果(T=7d，w=47.5%，a_w=15%，a_s=45%)

ε_1 /%	$(\sigma_1-\sigma_3)$/MPa		
	Test	Duncan-Chang	Logistic
0.00%	0.0000	0.0000	0.0000
0.08%	0.0407	0.0584	0.0346
0.16%	0.0982	0.1156	0.0864
0.25%	0.1531	0.1670	0.1517
0.33%	0.2048	0.2037	0.2074
0.41%	0.2565	0.2402	0.2646
0.51%	0.2982	0.2710	0.3082
0.64%	0.3371	0.3090	0.3496
0.76%	0.3643	0.3446	0.3736
0.85%	0.3816	0.3823	0.3862
1.01%	0.3923	0.4234	0.3910
参数值	a=2.1141568	b=10.27545	c=2.07E-279
	Max(E_t)=75.9	E_{SL}=66.5	E_{50}=56.7
	$\varepsilon_{a,1}$=0.04%	$\varepsilon_{a,2}$=0.45%	MAPE=3.1

表 6-4　固化土本构模型拟合结果(T=28d,w=47.5%,a_w=15%,a_s=45%)

ε_1 /%	$(\sigma_1-\sigma_3)$/MPa		
	Test	Duncan-Chang	Logistic
0.00%	0.0000	0.0000	0.0000
0.10%	0.1331	0.1648	0.0968
0.20%	0.2662	0.2868	0.2245
0.31%	0.3863	0.3910	0.3788
0.42%	0.4732	0.4708	0.5075
0.54%	0.5665	0.5418	0.6040
0.72%	0.6549	0.6260	0.6744
0.90%	0.6977	0.6895	0.6978
1.08%	0.7082	0.7399	0.7051
参数值	a=1.1825042	b=6.0911411	c=6.06E-291
	Max(E_i)=141.3	E_{SL}=123.9	E_{50}=104.7
	$\varepsilon_{a,1}$=0.05%	$\varepsilon_{a,2}$=0.44	MAPE=5.0

表 6-5　固化土本构模型拟合结果(T=90d,w=47.5%,a_w=15%,a_s=45%)

ε_1 /%	$(\sigma_1-\sigma_3)$/MPa		
	Test	Duncan-Chang	Logistic
0.00%	0.0000	0.0000	0.0000
0.13%	0.2538	0.2538	0.2240
0.22%	0.4596	0.4596	0.4285
0.34%	0.6625	0.6625	0.6766
0.46%	0.8241	0.8241	0.8706
0.57%	0.9269	0.9269	0.9773
0.66%	1.0011	1.0011	1.0358
0.81%	1.0635	1.0635	1.0838
0.97%	1.1024	1.1024	1.1033
1.11%	1.1154	1.1154	1.1105
参数值	a=0.7192311	b=2.916965	c=7.71E-277
	Max(E_i)=221	E_{SL}=193.8	E_{50}=165
	$\varepsilon_{a,1}$=0.01%	$\varepsilon_{a,2}$=0.43%	MAPE=3.2

表 6-6 固化土本构模型拟合结果($T=28\text{d}, \omega=47.5\%, a_w=15\%, a_s=15\%$)

ε_1 /%	$(\sigma_1-\sigma_3)$/MPa		
	Test	Duncan-Chang	Logistic
0.00%	0.0000	0.0000	0.0000
0.08%	0.1410	0.1362	0.1029
0.16%	0.2770	0.2950	0.2216
0.25%	0.4092	0.4100	0.3815
0.33%	0.4987	0.4785	0.4917
0.41%	0.5811	0.5401	0.5877
0.51%	0.6493	0.5976	0.6623
0.64%	0.7008	0.6574	0.7160
0.76%	0.7325	0.7027	0.7398
0.85%	0.7442	0.7327	0.7490
1.01%	0.7557	0.7729	0.7556
1.17%	0.7589	0.8050	0.7578
参数值	$a=1.0392547$	$b=3.8797805$	$c=6.8\text{E}-300$
	$\text{Max}(E_t)=165.7$	$E_{SL}=145.3$	$E_{50}=116$
	$\varepsilon_{a,1}=0$	$\varepsilon_{a,2}=0.38\%$	MAPE=3.5

由表 6-4、表 6-5 可知，本文推导的修正 Logistic 函数的非线性三参数水泥土本构模型可以拟合水泥砂浆固化土的单轴应力应变曲线，且拟合效果精度较好，由该模型计算的 $\text{Max}(E_t)$ 较 E_{50} 大 30%～35%，E_{SL} 较 E_{50} 大约 17%～20%，具有很好的对应关系。各表对应的拟合单轴应力应变曲线如图 6-11(a)～(d)所示。

在对试验数据的拟合过程中发现，本文推导的模型优越性与局限性共存，表 6-7 为 $T=7\text{d}$、$w=47.5\%$、$a_w=15\%$、$a_s=15\%$的拟合结果，拟合效果相对较差；表 6-8 为 $T=14\text{d}$、$w=47.5\%$、$a_w=15\%$、$a_s=60\%$，依据原始采样数据的拟合结果，模型可以较好地拟合试验数据，而 Duncan-Chang 双曲线模型不能拟合。分析上述两个实例，前者的应力应变曲线具有典型的分段变化特征；后者存在显著压密硬化过程。此外，即使对后者的压密阶段数据进行剔除，Duncan－Chang 双曲线模型同样不能拟合，图 6－12 为相应的拟合应力应变曲线。

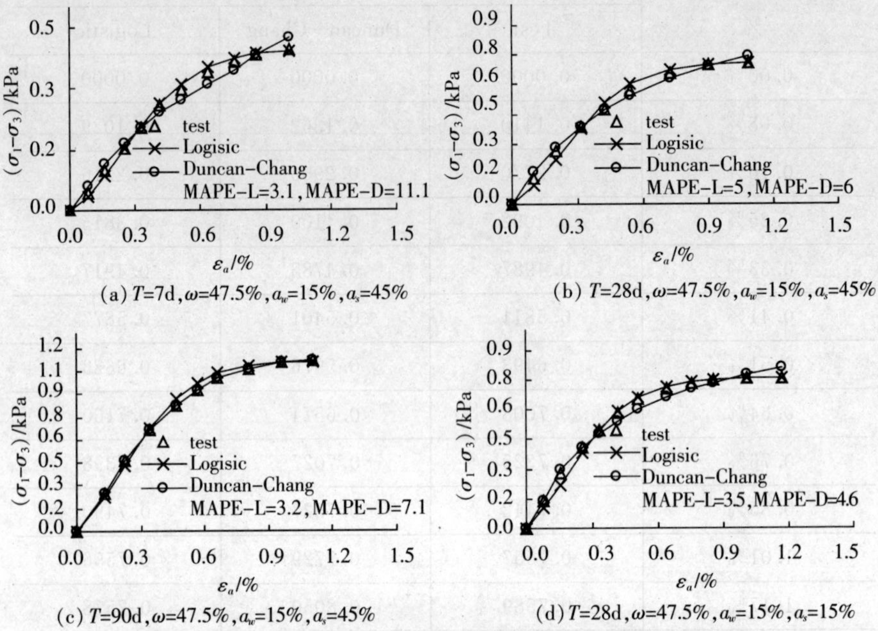

图 6－11 一般拟合单轴应力应变曲线

表 6－7 固化土本构模型拟合结果（$T=14d, w=47.5\%, a_w=15\%, a_s=60\%$）

ε_1 /%	$(\sigma_1-\sigma_3)$/MPa		
	Test	Duncan－Chang	Logistic
0.00%	0.0000	无法拟合	0.0000
0.06%	0.0108		0.0057
0.12%	0.0194		0.0139
0.18%	0.0308		0.0248
0.24%	0.0437		0.0391
0.30%	0.0608		0.0575
0.37%	0.0801		0.0805
0.43%	0.1050		0.1082

（续表）

ε_1 /%	$(\sigma_1-\sigma_3)$/MPa		
	Test	Duncan - Chang	Logistic
0.49%	0.1328		0.1405
0.55%	0.1659		0.1762
0.61%	0.2040		0.2139
0.67%	0.2372		0.2514
0.74%	0.2719		0.2869
0.80%	0.3026		0.3187
0.86%	0.3329		0.3459
0.92%	0.3601		0.3684
0.98%	0.3810		0.3863
1.06%	0.4070		0.4034
1.14%	0.4224		0.4151
1.20%	0.4303		0.4219
1.26%	0.4360		0.4270
1.32%	0.4383		0.4307
1.38%	0.4403		0.4333
参数值	a=2.1890581	b=58.363749	c=6.91E-235
	Max(E_t)=61.6	E_{SL}=54	E_{50}=35.7
	$\varepsilon_{a,1}$=0.36%	$\varepsilon_{a,2}$=0.85%	MAPE=8.9

表 6-8　固化土本构模型拟合结果(T=7d,w=47.5%,a_w=15%,a_s=15%)

ε_1 /%	$(\sigma_1-\sigma_3)$/MPa		
	Test	Duncan - Chang	Logistic
0.00%	0.0000	0.0000	0.0000
0.17%	0.1280	0.2003	0.0715
0.34%	0.2679	0.2783	0.1597

（续表）

ε_1 /%	$(\sigma_1-\sigma_3)$/MPa		
	Test	Duncan - Chang	Logistic
0.51%	0.3214	0.3189	0.2426
0.68%	0.3469	0.3440	0.3055
0.84%	0.3632	0.3610	0.3447
1.01%	0.3740	0.3733	0.3668
1.23%	0.3842	0.3845	0.3801
1.44%	0.3897	0.3929	0.3858
参数值	a=2.0036915	b=7.143009	c=4.54E - 185
	Max(E_t)=52	E_{SL}=46.7	E_{50}=48.9
	$\varepsilon_{a,1}$=0	$\varepsilon_{a,2}$=0.61%	MAPE=12

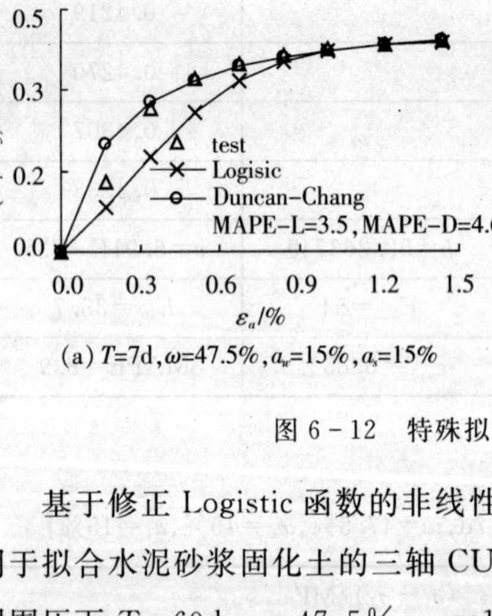

(a) T=7d, ω=47.5%, a_w=15%, a_s=15%

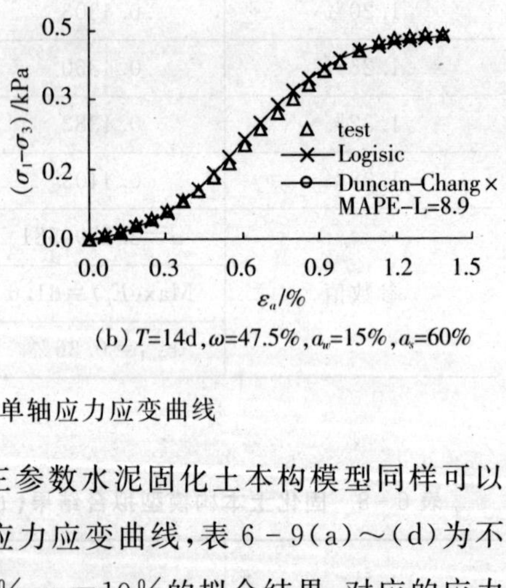

(b) T=14d, ω=47.5%, a_w=15%, a_s=60%

图 6 - 12 特殊拟合单轴应力应变曲线

基于修正 Logistic 函数的非线性三参数水泥固化土本构模型同样可以用于拟合水泥砂浆固化土的三轴 CU 应力应变曲线，表 6 - 9(a)～(d)为不同围压下 T=60d、w=47.5%、a_w=15%、a_s=10%的拟合结果，对应的应力应变曲线如图 6 - 13 所示。

表 6-9　固化土三轴 CU 应力应变曲线拟合结果

(T=60d, w=47.5%, a_w=15%, a_s=10%)

Tab1: σ_3=100kPa

ε_1 /%	$(\sigma_1-\sigma_3)$/MPa		
	Test	Duncan-Chang	Logistic
0.00%	0	/	0.0000
0.06%	0.0068		0.0139
0.19%	0.0523		0.0513
0.25%	0.0767		0.0724
0.38%	0.1533		0.1275
0.44%	0.1851		0.1576
0.50%	0.2324		0.1907
0.63%	0.295		0.2727
0.88%	0.4461		0.4611
1.01%	0.5365		0.5657
1.26%	0.6891		0.7518
1.38%	0.7581		0.8261
1.51%	0.8222		0.8931
1.76%	0.9297		0.9844
1.89%	0.9673		1.0158
2.26%	1.0474		1.0662
2.64%	1.0825		1.0861
2.83%	1.091		1.0906
3.21%	1.0973		1.0949
参数值	a=0.845501	b=10.859882	c=3.21E-119
	$\varepsilon_{a.1}$=0.45%	$\varepsilon_{a.2}$=1.42%	MAPE=9.7

Tab 2: $\sigma_3=200\text{kPa}$

ε_1 /%	$(\sigma_1-\sigma_3)$/MPa		
	Test	Duncan - Chang	Logistic
0.00%	0	/	0.0000
0.06%	0.0202		0.0224
0.19%	0.0902		0.0763
0.25%	0.1009		0.1036
0.38%	0.1392		0.1678
0.50%	0.2333		0.2330
0.56%	0.2722		0.2675
0.76%	0.4416		0.3897
0.88%	0.5489		0.4664
1.13%	0.7331		0.6264
1.38%	0.8733		0.7751
1.51%	0.9314		0.8444
1.76%	1.0172		0.9582
1.89%	1.0456		1.0069
2.26%	1.0972		1.1100
2.64%	1.1404		1.1729
2.83%	1.1547		1.1930
3.21%	1.1839		1.2189
3.58%	1.2098		1.2325
3.78%	1.2183		1.2369
4.28%	1.2434		1.2433
4.53%	1.248		1.2449
参数值	$a=0.6662758$	$b=3.2881703$	$c=2.1\text{E}-75$
	$\varepsilon_{a,1}=0.16\%$	$\varepsilon_{a,2}=1.69\%$	MAPE=9.6

Tab 3:σ_3=300kPa

ε_1	$(\sigma_1-\sigma_3)$/MPa		
/%	Test	Duncan - Chang	Logistic
0	0	0.0000	0.0000
0.12%	0.0202	1.7113	0.0578
0.25%	0.1116	1.7960	0.1269
0.38%	0.2615	1.8073	0.2024
0.50%	0.3726	1.8099	0.2770
0.75%	0.6097	1.8122	0.4432
1.01%	0.7885	1.8130	0.6211
1.26%	0.9364	1.8135	0.7843
1.51%	1.0454	1.8137	0.9292
1.89%	1.1419	1.8139	1.1028
2.26%	1.2166	1.8140	1.2179
2.64%	1.2699	1.8141	1.2925
3.02%	1.3071	1.8142	1.3369
3.40%	1.3325	1.8142	1.3624
4.03%	1.3798	1.8142	1.3828
4.53%	1.3953	1.8143	1.3895
参数值	a=0.5658144	b=2.1218961	c=2.823E-68
	$\varepsilon_{a,1}$=0	$\varepsilon_{a,2}$=1.7%	MAPE=19.6

Tab4:σ_3=400kPa

ε_1	$(\sigma_1-\sigma_3)$/MPa		
/%	Test	Duncan - Chang	Logistic
0	0	/	0.0000
0.06%	0.0133		0.0364
0.13%	0.0317		0.0815
0.31%	0.2137		0.2106
0.38%	0.3084		0.2654

（续表）

ε_1 /%	$(\sigma_1-\sigma_3)$/MPa		
	Test	Duncan - Chang	Logistic
0.57%	0.5204		0.4239
0.63%	0.5774		0.4760
0.88%	0.7627		0.6955
1.01%	0.8346		0.8061
1.39%	1.0635		1.0877
1.51%	1.1871		1.1597
1.89%	1.2946		1.3318
2.08%	1.3045		1.3901
2.46%	1.3613		1.4666
2.65%	1.3957		1.4905
2.83%	1.4239		1.5070
3.21%	1.449		1.5289
3.40%	1.4584		1.5355
3.59%	1.4739		1.5402
4.03%	1.4976		1.5466
4.79%	1.5462		1.5505
5.29%	1.5440		1.5513
5.80%	1.5519		1.5517
参数值	$a=0.5083276$	$b=1.8993659$	$c=1.276E-78$
	$\varepsilon_{a,1}=0$	$\varepsilon_{a,2}=1.47\%$	MAPE=12.8

在采用基于修正 Logistic 函数的非线性三参数水泥固化土本构模型拟合固化土三轴 CU 应力应变曲线过程中，同样采用 Duncan - Chang 双曲线模型进行了拟合。计算过程中发现，Duncan - Chang 双曲线模型不能用于本文试验得到的三轴 CU 试验应力应变曲线的拟合。这是因为 $\varepsilon_1/(\sigma_1-\sigma_3)\sim\varepsilon_1$ 并非呈现线性关系，图 6 - 13 中各围压下 $\varepsilon_1/(\sigma_1-\sigma_3)\sim\varepsilon_1$ 的关系如图 6 - 14 所示，如果剔除压密阶段部分采样点，使得 $\varepsilon_1/(\sigma_1-\sigma_3)\sim\varepsilon_1$

呈线性关系，那么修正后的（$\sigma_1-\sigma_3$）最大损失达 50%，由此采用 Duncan－Chang 双曲线模型拟合的应力应变曲线与试验数据偏离太大而没有任何意义。

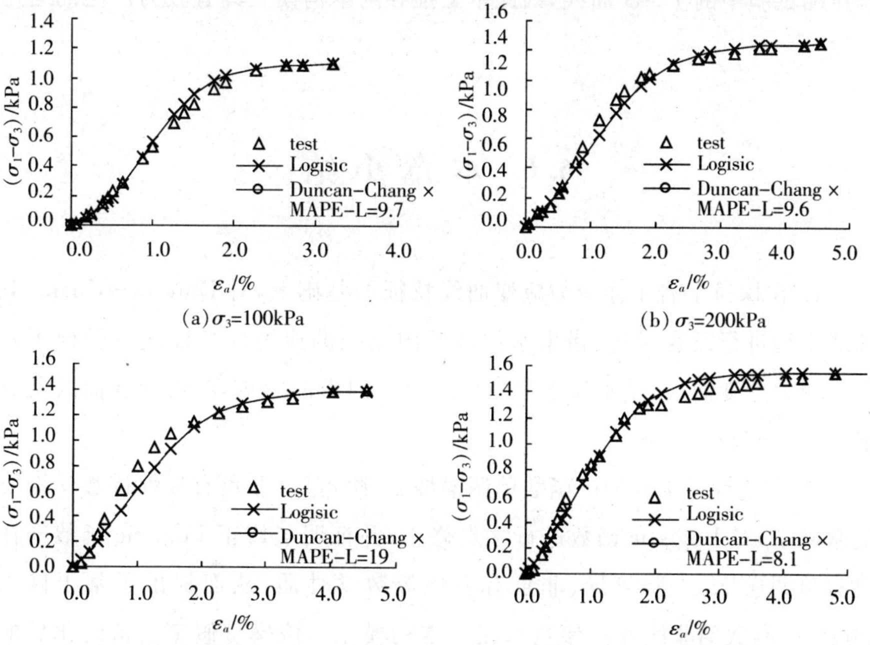

(a) σ_3=100kPa　(b) σ_3=200kPa　(c) σ_3=300kPa　(d) σ_3=400kPa

图 6－13　固化土的三轴 CU 拟合

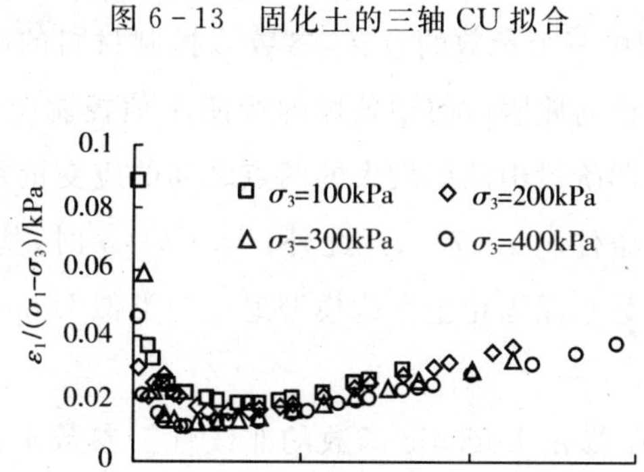

图 6－14　Duncan－Chang 拟合中的 $\varepsilon_1/(\sigma_1-\sigma_3)-\varepsilon_1$ 关系

由此可见，“基于修正 Logistic 函数的非线性三参数水泥固化土本构模型”可以较好的拟合水泥砂浆固化土的应力应变曲线，尤其是具有压密过程的应力应变曲线，且具有较好的拟合精度。事实上，本文推导的“基于修正Logistic函数的非线性三参数水泥固化土本构模型”不但可以用于拟合单轴压缩应力应变曲线，而且可以拟合直接剪切试验的$\tau-\delta$曲线，还可以用于拟合压缩试验中的$P-S$曲线，因此本文推导的本构模型具有较为广泛的运用空间。

6.6 本章小结

1. 在探讨了岩土体应力应变曲线特征的基础上，对Duncan－Chang双曲线模型进行简要讨论，指出水泥砂浆固化土的应力应变曲线更类似于岩石的应力应变曲线，受水泥砂浆固化土形成因素的影响，应力应变曲线具有显著的压密硬化过程。

2. 在论证了Logistic函数单调递增、一阶可导、非负有界性等数学性质的基础上，对Logistic函数进行零点修正，并证明了修正Logistic函数同样具有单调递增、一阶可导、非负有界性等数学性质，从而提出了基于修正Logistic函数的非线性三参数水泥土本构模型。该模型假定压密硬化后的材料为弹性非线性的。

3. 探讨了模型中三个参数的意义，参数a控制材料的破坏强度；参数b控制材料的压密硬化与屈服后剪切破坏的特征；c值控制应力应变曲线初始下凹阶段和屈服上凹阶段中曲率最大的两点之间的应变量差值；参数a、b之间存在一个隐含的条件$b \geqslant 3.732a$。此外，当取$b=a$时，基于修正Logistic函数的非线性三参数水泥固化土本构模型退化为类似Duncan－Chang的二参数模型。

4. 给出了“基于修正Logistic函数的非线性三参数水泥固化土本构模型”参数的求解方法，以及精度评价的公式，并通过实例计算与比对，对该模型进行了验证。结果表明，对具有压密硬化阶段的应力应变曲线，基于修正Logistic函数的非线性三参数水泥土本构模型具有较好的适应性。

参考文献

[1] 陈冠雄，黄国宣，洪宝宁．广东省高速公路软基处理实用技术[M]. 北京：人民交通出版社，2005

[2] 侯学渊，钱达仁，杨林德．软土工程施工新技术[M]. 合肥：安徽科学技术出版社，1999

[3] 杨顺安，冯晓腊，张聪辰．软土理论与工程[M]. 北京：地质出版社，2000

[4] 荀勇．有机质含量对水泥土强度的影响与对策[J]. 四川建筑科学研究，2000，26(3)：58～59

[5] 廖建春，曾庆军．含砂量对水泥土强度的影响[J]. 广东交通职业技术学院学报，2005(6)：1～3

[6] 张震山，王刚耀．水泥土搅拌桩在处理砂性素填土及淤泥质砂土的应用[J]. 西部探矿工程，2005，110(7)：23～25

[7] 童小东，龚晓南，蒋永生．水泥加固土的弹塑性损伤模型[J]. 工程力学，2002，19(6)33～38

[8] 王立峰，朱向荣．水泥土损伤模型的试验研究[J]. 科技通报，2003，19(2)：136～139

[9] 陈四利，宁宝宽，鲍文博．水泥土细观破裂过程的损伤本构模型[J]. 2007，28(1)：93～97

[10] Fisher K P. Properties of an artificially cemented-clay [J]. Canadian Geotechnical Journal，1978，15(1)：25～37

[11] Rolling R S. Sulfate attach on cement-stabilized sand [J]. Journal of Geotechnical and Geoenvironmental Engineering，1999，121(5)：364～372

[12] 郝巨涛．水泥土材料力学特性的探讨[J]. 岩土工程学报，1991，13(3):53～59

[13] 周建民．深层搅拌桩复合地基的有限元分析[J]. 岩土力学，1997，18(2):44～50

[14] Masake Kitazume. Centrifuge model on failure envelope of column type deep mixing method improved ground [J]. Soils and Foundations，2000，40(1)：43～55

[15] Vatsala A，Nova R，Srinivasa Murthy BR. Elasto-plastic model for cemented soils [J]. Journal of Geotechnical and Geoenvironmental Engineering,2001,127(8)：679～687

[16] 王清．海积软土地基加固过程中的有机质作用和影响研究[Z]. 国家自然科学基金申请书．2003

[17] 沈珠江．土体结构性的数学模型——21 世纪土力学的核心问题[J]. 岩土工程学报,1996,18(1):95～97

[18] 张土乔．水泥土的应力应变关系及搅拌桩破坏特性研究[D]. 杭州:浙江大学,1992

[19] 童小东,龚晓南,蒋永生．水泥土的弹塑性损伤试验研究[J]. 土木工程学报，2002，35(4)：82～85

[20] 钱家欢,殷宗泽．土工原理与计算[M]. 中国水利水电出版社,1996

[21] 许朝阳,周健．软黏土中沉桩效应的模型试验研究及数值模拟[J]. 土工基础,2000,12(4):20～24

[22] Saglamer. A.，Parry，R. H. G. 侧向受荷单桩的模拟试验研究[J]. 工业建筑情报,1981(4):23～26

[23] Allen,J. D.，Reese，L. C. Small scale tests for the determination of $p-y$ curves in layered soils[J]. OTC,1980:31～37

[24] 赵明华,侯运秋,曹善仁．倾斜荷载下基桩的受力研究[J]. 湖南大学学报,1997，24(2):98～103

[25] 徐和,陈竹昌．不同砂土密度对竖直桩轴向抗拔承载力的影响[J]. 特种结构,1996，13(2):53～57

[26] 章连祥,陈竹昌．黏性土中侧向受载桩的模型试验研究[J]．岩土工程学报,1990，12(5):40～50

[27] 周国庆,杨维好．中砂融沉位移与单桩负摩阻力关系的试验研究[J]．岩土工程学报,1999,28(6):535～538

[28] 谭国焕,张佑启,杨敏．松砂土中桩侧表面粗糙程度对承载力的影响[J]．岩土工程学报,1992,14(2):50～54

[29] 庄心善,杨雪强,何世秀．桩后压浆增强桩基承载力的试验研究[J]．地下空间,1999,19(5):463～465

[30] 刘云云,陈竹昌,刘利民等．嵌岩桩高桩承台的桩顶内力分布研究[J]．同济大学学报,1999,27(6):292～296

[31] 钱建固,陈正杰．软土地基水泥土群桩竖向应力传递机理分析[J].工业建筑,2001,31(11)

[32] 高玉杰．复合地基作用机理的试验研究[D]．西安:西安公路交通大学,2000

[33] 周成,方永凯．复合地基中桩基础的试验与计算理论研究[J]．水利水运工程学报,1982,12(4):313～320

[34] 孟广训,沈定贤．模型碎石桩应力的测定及其分析[J]．水利水运工程学报,1987(2):69～80

[35] 段继伟,龚晓南,曾国熙．水泥搅拌桩的荷载传递规律[J]．岩土工程学报,1994,16(4):1～8

[36] 叶观宝,水泥土搅拌桩加固软基的试验研究[J]．同济大学学报,1995 23(3):270～276

[37] Binquet J, Lee K L. Bearing capacity tests on reinforced earth slabs [J]. Journal of Geotechnical Engineering, ASCE, 1975, 101 (12): 1241～1255

[38] Fragaszy R J, Lawton E. Bearing capacity of reinforced sand subgrades [J]. Journal of Geotechnical Engineering, ASCE, 1984, 110: 1501～1507

[39] Das B M , Khng K H, Shn E C, et al. Comparison of bearing capacity of strip foundation on geogrid-reinforced sand and clay [C].

Proceeding of the 8th International Conference on Computer Methods and Advances in Aeromechanics. Morgantown: The Hague, 1994: 1331～1336

[40] 张道宽. 土工织物加强软土路基的研究[D]. 北京:铁道科学研究院,1987

[41] 王钊. 国外土工合成材料的应用研究[M]. 香港:现代知识出版社, 2002

[42] 胡幼常. 土工格栅加固道路软基的试验研究[J]. 岩土力学, 1996,17(2):76～80

[43] 杨庆,张克,栾茂田. 土工格栅加筋砂土地基性能模型试验研究[J]. 大连理工大学学报,46(3):390～395

[44] 蒋鹏飞,土工格室+碎石桩复合地基室内模型承载试验研究[J]. 中南公路工程,2004,29(2):23～28

[45] 吴慧明,龚晓南. 刚性基础与柔性基础下复合地基模型试验对比研究[J]. 土木工程学报,2001,34(5):81～83

[46] 苏谦,蔡英. 土工格栅、格室加筋砂垫层大模型试验及抗变形能力分析[J]. 西南交通大学学报,2001,36(2):176～181

[47] 曹新文,蔡英,苏谦. 土工格室和土工网改善基床动态性能模型试验[J]. 西南交通大学学报,2001,36(4):350～355

[48] 杨俊杰,章雪峰,彭孔曙. 挤扩支盘桩桩土相互作用的模型试验研究[J]. 工业建筑,35(S1):446～450

[49] Shenbaga R. Kharaj, Vasant G. Havanagi. ComPressive strength of cement stabilized fly ash soil mixtures [J]. Cement and concrete researeh, 1999 (29):673～677

[50] 汤怡新,刘汉龙. 水泥固化土工程特性试验研究[J]. 岩土工程学报,2000,22(5):549～554

[51] 陈甦,宋少华,沈剑林等. 水泥粉喷桩桩体水泥黑土力学性质试验研究[J]. 岩土工程学报,2001,23(3):302～305

[52] D. T. Eriktius, E. C. Leong, H. Rahardjo. Shear strength of Peaty soil-cement Mixes[J]. Soft soil engineering,2001,551～556

[53] Horpibulsuk S, Miura N, Nagaraj T S. Assessment. of strength

development in cement admixed high water. content clays with Abram's law as a basis [J]. Geotechnique, 2003, 53(4):439～444

[54] 储诚富,洪振舜,刘松玉. 用似水灰比对水泥土无侧限抗压强度的预测[J]. 岩土力学,2005,26(4):645～649

[55] S. Kolias, V. Kasselouri-Rigopoulou, A. Karahalios. Stabilization of clayey soils with high calcium fly ash and cement [J]. Cement & Concrete Composites, 2005(27):301～313

[56] G. M. Filz, D. K. Hodges, D. E. Weathethy et al. Standardlzed definitions and laboratory Procedures for soil-cement specimens applicable to the wet method of deep mixing [J]. Innovations in Grouting and soil Improvement. 2005:1～13

[57] Fook-Hou Lee, Yeong Lee, Soon-Hoe Chew et al. Strength and modulus of marine clay-cement mixes[J]. Journal of geotechnical and geo-environmental engineering,2005, 131(2):178～186

[58] 朱龙芬. 含水量变化对水泥土室内强度的影响[J]. 山西建筑,2007,33(25):192～193

[59] 蒋敏敏. 地基土层与含水率变化对湿喷桩成桩质量的影响[J]. 防灾减灾工程学报,2007,27(1):108～113

[60] 蒋敏敏,洪宝宁,胡昕等. 湿喷桩强度的含水率及土层影响分析[J]. 公路交通科技,2007,24(10):59～64

[61]彭皖生,伍宛生,樊增楠. 水泥土抗剪强度室内试验成果浅析[J]. 大坝观测与土工测试,1998,22(l):27～29

[62] 张家柱,程钊,余金煌. 水泥土性能的试验研究[J]. 岩土工程技术,1999(3):38～40

[63] 刘一林. 水泥搅拌桩复合地基变形特性研究[D]. 杭州:浙江大学硕士学位论文,1991

[64] 龚晓南. 复合地基理论及工程应用[M]. 北京:中国建筑工业出版社,2002

[65] 周承刚,高俊良. 水泥土强度的影响因素[J]. 煤田地质与勘探,2001,29(1):45～48

[66] 兰凯，黄汉盛，鄢泰宁．软土型水泥掺砂试样研究．水文地质工程地质，2006，(5)：113～116

[67] Pousette K，Mcsik J，Jacobsson. Peat soil samples stabilized in laboratory-Experiences from manufacturing and testing [A]. Dry Mix Methods for Deep Soil Stabilization [C]. Balkema，Rotterdam：Bredenberg，Holm & Broms，1999，85～92

[68] Ahnberg H，Holm G. Stabilization of some swedish organic soils with different types of binder [A]. Dry Mix Methods for Deep stabilization，Bredenberg[C]. Balkema，Rotterdam：Bredenberg，Holm，Broms，1999，101～108

[69] Masaaki Gotoh. Study on soil properties affecting the strength of cement treated soils [A]. The Second International Conference on Ground Improvement Geosystems-Grouting and Deep Mixing [C]. Tokyo：Yonekura，Terashi，Shibazaki，1996，399～404

[70] 刘增永．有机质土加固试验研究[D]. 杭州：浙江大学，1997

[71] 范昭平，朱伟，张春雷．有机质含量对淤泥固化效果影响的试验研究[J]. 岩土力学．2005. 26(8)：1327～1334

[72] Helene Tremblay，Josee Duchesne，Jacques Loeat et al. Influence of the nature of organic compounds on fine soil stabilization with cement[J]. Canada Geoteeh. J. 2002，39：535～546

[73] 陈慧娥．有机质影响水泥加固软土效果的研究[D]. 吉林：吉林大学博士论文，2006

[74]潘永灿，蒋莹玉．水泥土强度受有机质含量影响试验研究阴[J]. 盐城工学院学报．2002，15(l)：29～31

[75] 曾卫东，唐雪云，何泌洲．深层搅拌法在处理泥炭质土中的应用[J]. 地质灾害与环境保护，2002，13(2)：67～69

[76] Acosta Hector A. Stabilization of Soft Subgrade soils Using Fly Ash [D]. Madison，Wisconsin，U. 5. A. Universityofwiseonsin-Madison，2002

[77] 宁宝宽，陈四利，刘斌等．环境侵蚀下水泥土的力学效应试验研究[J]. 岩土力学，2005，26(4)：599～603

[78] 宁宝宽，陈四利，刘斌．水泥土的环境侵蚀效应与破裂过程分析[J]．岩石力学与工程学报，2005，24(10)：1778～1782.

[79] 宁宝宽，陈四利，刘斌．环境侵蚀下水泥土力学特性的时间效应分析[J]．水文地质工程地质，2005，2：82～86

[80] 黄汉盛，鄢泰宁，兰凯．软土深层搅拌桩的水泥土抗腐蚀性室内试验[J]．地质科技情报，2005，7：85～88

[81]裴向军．防治海水对水泥土侵蚀的试验研究[J]．长春工程学院学报，2000，1 (1)：12～14

[82]谷秋芳，潘盛山．地下水影响粉喷桩强度的试验研究[J]．北华大学学报，2001，2 (4)：361～363

[83] 周国钧，胡同安．地基处理技术[M]．北京：冶金工业出版社，1989

[84] Yoshio Suzuki. Deep Chemical Mixing Method using cement as hardening agent[A]. Proceedings ground techniques[C]. Bangkok, 1982

[85] 林琼．水泥系搅拌桩复合地基试样研究[D]．杭州：浙江大学硕士学位论文，1989

[86] 侯永峰．循环荷载作用下水泥复合土变形性状试验研究[J]．岩土工程学报．2001. 23(3)：288～291

[87] Tao-wei Feng, Jia-yih Lee, Yi-yiuan Lee. Consolidation behavior of a soft mud treated with mall cement content [J]. Engineering Geology. 2001 (59)：327～335

[88] Mostafa A. Ismail, Hacknlet A. Joer, Wee H. Sim, et al. Effect of cement type on shear behavior of cemented calcareous soil [J]. Joumal of geotechnical and geoenvironmental engineering. 2002, 128(6)：520～529

[89] Yu-zhen Yu, Jia-liu Pu, Keizo Ugai. Study of mechanical properties of soil-cement mixture [J]. Soils and foundations. 1997，37(4)：93～103

[90] Glen A. Lorenzo, Dennes T. Bergado. Fundamental parameters of cement-admixed clay-new approach [J]. Joumal of geotechnical and geoenvironmental engineering. 2004，130(10)：1042～1050

[91] 梁仁旺,张明．水泥土的力学性能试验研究[J]．岩土力学．2001,22(2):211～213

[92] 陈惠发著,余天庆,王勋文等译．土木工程材料的本构关系[M]．武汉:华中科大出版社,2001年

[93] 李广信．高等土力学[M]．北京:清华大学出版社,2004

[94] 铃木健夫，国藤祚光．ソィルヤメニト地中连壁墙の材料特性に关する基础实验．土と基础[J]．1994,42(3):19～24

[95] 张家柱,程钊,余金煌．水泥土性能的实验研究[J]．岩土工程技术,1999(3):38～40

[96] 梁仁旺,张明,白晓红．水泥土的力学性能试验研究[J]．岩土力学,2001,22(2):211～213

[97] 郝巨涛．水泥土材料力学特性的探讨[J]．岩土工程学报,1991,13(3):53～59

[98] 王立峰．纳米硅水泥土工程特性及本构模型研究[D]．杭州:浙江大学,2003

[99] Kiyonobu Kasama, Hidetoshi Ochiai, Noriyuki Yasufuku. On the stress-strain behavior of lightly cemented clay based on an extended critical state concept soils and foundations[J]. Japanese Geotechnical socle-ty. 2000, 40(3):37～47

[100] A. Vatsala, R. Nova, B. R. Srinivasa Murthy. Elastoplastic Model for Cemented soils [J]. Journal of Geotechnical and Geoenvironmental Engineering. 200l, 127(8):679～687

[101] 童小东．水泥土添加剂用其损伤模型试验研究[D]．杭州:浙江大学博士论文,1998

[102] Yu-zhen Yu, Jia-liu Pu, Keizo Ugai. A damage model for soil-cement mixture[J]. Soils and foundations. 1998,38(3):1～12

[103] 王文军．纳米矿粉水泥土固化机理及损伤特性研究[D]．杭州:浙江大学,2004

[104] 骊建俊．水泥土的强度特性、固结机理与本构关系的研究[D]．西安:西安建筑科技大学,2005

[105] 姬凤玲．淤泥泡沫塑料颗粒轻质混合土力学特性研究[D]．南京:河海大学博士论文,2005

[106] 陈辉．双剪统一强度理论在水泥土材料中的应用[J]宁夏工程技术,2007,6(2):113～116

[107] 陈四利,宁宝宽,鲍文博．水泥土细观破裂过程的损伤本构模型[J]．岩土力学,2007,28(1):93～97

[108] 封芝莲等．旋喷法加固土强度和本构关系[D]．第五届全国土力学及基础工程会议论文集[C],冶金工业部建筑研究总院,1987 年

[109] B. H 奥西波夫著,李生林等译．黏土类土和岩石的强度与变形性能的本质[D]．北京:地质出版社,1985 年

[110] 赵峥嵘,杨红霞．粉喷桩在不同温度下龄期与强度关系的试验研究[J]．济南交通高等专科学校学报,1999(1):25～31

[111] 左东启．模型试验的理论和方法[M]．北京:水利水电出版社,1984

[112] 李之光．相似与模化:理论及应用[M]．北京:国防工业出版社,1982

[113] 长坂勇二,山田纯男．発泡ビーズと建設発生土を用いた軽量混合土[J]．土と基礎,1994,42～10(441):25～30

[114] G. Wayne Clough, Nieholas Sitar, RobertC. Baehus et al. Cemented sands under static loading [J], Journal of the Geotechnical Engineering Division[J]. 1981,107(6):799～862

[115] Pradhan, Imai, Hamano et al. Failure criterion of a new light geotechnical material SLS[J], proc. 3rd International Offshore and Polar Eng Conference, ingapore, 1993, 4(5):322～326

[116] 小林晃,龍搁文夫．セメントの混合による改良した飽和软弱黏性土強度変形特性 VI[J]．生产研究,1982,34(9):27～30

[117] TERASHI masaaki, OKUMURA shigerou, MITSUMOTO tsukashi. Study on the basic characteristics of the improved Lime-Soil [M]. Volume I. Harbor Institute of Technology report, 1977. 16(1): 3～28

[118] Wong. P. K. K, Mitch. N. R. J. Yielding and plastic flow of

sensitive cemented clay[J]. Geotechnique 1975,25(14):763～784

[119] 李铁汉,潘别桐．岩体力学．北京:地质出版社,1980

[120] 郭志著．实用岩体力学．北京:地震出版社，1996

[121] 彭瑞东．基于能量耗散及能量释放的岩石损伤与强度研究[D]. 北京:中国矿业大学(北京小区),2005

[122] 郑在胜．岩石变形中的能量传递过程与岩石变形动力学分析[J]. 中国科学(B辑),1990,20(5):524～537

[123] 杨昭军,师义民．Logistic 模型参数估计及预测实例[J]. 数理统计与管理,1997,16 (3):1～15

[124] 何文章,张宪彬．利用 Logistic 模型预测耐用品社会拥有量[J]. 数理统计与管理，1994,13(1):21～25

[125] 李振福．长春市城市人口的 Logistic 模型预测[J]. 吉林大学学报,2003,(2):16～19

[126] 范晓秋,洪宝宁．Logistic 和 Gompertz 曲线以及其最优组合模型在沉降预测中的运用[J]. 防灾减灾工程学报,1～4

[127] 徐洪钟,李雪红．基于 Logistic 增长模型的地表下沉时间函数[J]. 岩土力学,2005,26(supp):151～154

[138]徐洪钟,施 斌,李雪红．全过程沉降量预测的 Logistic 生长模型及其适用性研究[J]. 岩土力学,2005,26(3):387～292

[129] 郑鹏武,谭忠盛,朱元生等．地铁施工引起地表沉降的 Logistic 模型预测及应用[J]. 中国安全科学学报,2006,16(3):23～29

[130] 王伟．基于能量耗散原理的土与结构接触面模型研究及应用[D]. 南京:河海大学，2006

[131] 付海雄．水泥红土力学性能的试验研究及均匀化分析[D]. 湘潭:湘潭大学,2006

[132] 李刚．纳米材料水泥土工程性状试验研究[D]. 杭州:浙江大学,2003